RIVER OUT OF EDEN
에덴의 강

에덴의 강

리처드 도킨스가 들려주는
유전자와 진화의 진실

리처드 도킨스
이용철 옮김

옥스퍼드, 세인트 존스 칼리지의 특별 연구원이자

어떤 것을 명확하게 만드는 기술의 대가인

헨리 콜리어 도킨스(Henry Colyear Dawkins, 1921~1992년)를 추모하며

에덴에서 강 하나가 흘러나와 그 동산을 적시고

—「창세기」2장 10절

과학은
의심에서
출발한다

종교와 신화가 세상을 지배하던 시대가 있었다. 그 시대에는 종교의 교리와 일치하는지의 여부가 진리의 판단 기준이었다. 따라서 진리의 판단 기준인 종교의 교리는 절대적이며 의심의 대상일 수 없었다. 종교는 믿음이며 믿음은 의심과 한 가족이 될 수 없다. 과학은 의심에서 출발한다. 그런데 그 의심은 믿을 만한 해답을 찾기 위한 의심이다. 당연한 것을 당연한 것으로 받아들이지 않고, 왜 하필 그래야만 하는가 하고 의심하는 것이 과학의 출발점이다.

공기보다 무거운 물체는 땅에 떨어지게 마련이다. 이것은 우리가 세상에 태어나 가장 초보적인 인식 능력을 갖추었을 때부터 경험한 사실이다. 우리는 이렇게 어렸을 때부터 보고 듣고 경험한 것들은 당연하게 받아들이는 경향이 있다. 따라서 아무도 공기보다 무거운 물건이 땅에 떨어지는 것에 의문을 품지 않는다. 그러나 이 당연한 사실에 의문을 품은 사람이 있었다. 그가 생각한 의문은 이런 내용이었다. '하늘의 달과 별은 땅으로 떨어지지 않는데, 왜 지상의 물체들은 땅으로 떨어지는 걸까?' 이 위대한 의문을 품은 과학자(뉴턴)에 의해 과학 혁명이 완성되었다.

현대, 즉 과학 혁명이 있고 난 후 우리가 살아가는 지금 이 시대를 과학 기술의 시대라고 부른다. 과학이 종교가 하던 일을 대신하기 시작했다. 과학적인지의 여부가 진리의 판단 기준이 되었고, 사람들은 종교에서 구하던 답을 과학에서 찾는다. 그러나 과학은 완전한 것이 아니다. 그리고 종교처럼 완전함을 주장하지도 않는다. 과학은 열려 있다. 과학은 언제든지 새로운 사실과 근거에 의해 부정될 수 있는 지식 체계다. 과학은 또한 닫혀 있다. 근거 있는 확실한 것만을 추구하며 모호하거나 터무니없는 억측, 독단적인 주장은 철저히 외면한다.

우리는 초등학교에 입학하면서부터 과학을 배운다. 그러나 지식의 양만을 측정하는 잘못된 교육 제도 탓인지, 아니면 결과만을 중요시하는 사회 풍조 탓인지, 사람들은 대개 과학을 통해 과학적인 태도를 배우는 것이 아니라 과학이 밝혀낸 사실만을 기억한다. 사람들은 또 과학은 모든 것을 설명할 수 있다는 선입견을 갖고 있다가, 그렇지 못함을 발견하고는 절망한다. 그리고 그 해답을 과학이 아닌 다른 것에서 찾는다. 구관이 명관이랄까? 많은 사람들이 다시 종교로 돌아선다. 그러나 종교가 주는 것은 해답이 아니다. 의심 자체에 대한 부정이다. 어떤 사람들은 이 사실을 알면서도 마음의 평화를 위해 체념하는 것 같다.

　　다윈의 진화론이 발표된 지 140년이 넘는 세월이 흘렀건만 아직도 '론'으로 남아 있는 것은 아직 진화가 일어났다는 결정적인 증거를 제시하지 못했기 때문이다. 다시 말해 아직 어느 누구도 과거에는 이런 생물들이 살고 있었는데 이러저러하게 변해서 지금 그런 모양이 된 실제 과정을 보여 주지 못했다. 만약 지구의 문명이 앞으로도 몇백만 년 지속되어 그동안 우리 주변에서 작은 진화가 일어나고 그 과정이 고스란히 영상 매체에 기록된다면, 우리의 자손들은 진화를 의심할 수 없는 사실로 받아들일 것이다.

　　그러나 그 전에 진화론에 대한 부당한 의심이 철회되리라고 생각한다. 진화가 실제로 일어나는 과정을 영상으로 기록해 보여 주지는 못하더라도 도킨스를 포함한 훌륭한 진화학자들이 설득력 있는 진화의 메커니즘과 근거 자료를 계속 제시할 것이기 때문이다. 백 보 양보해 근거가 불충분해 진화론을 폐기한다고 해도 그 대안이 창조론일 수는 없다. 창조론을 주장하는 사람들의 논리는 이런 식이다. 어떤 범죄 행위의 용의자가 A와 B 둘 중 하나인데, 범인이 B라는 증거는 없지만 A가 범인이라는 증거는 불완전하므로 범인은 B이다. 그런데 창조론자들은 A와 B의 처지를 바꿔도 논리에는 전혀 하자가 없다는 것을 아는지 모르는지…….

가수들은 몇 개의 곡을 묶어 앨범을 낸다. 앨범에 실린 곡들은 경우에 따라서는 모두 히트하기도 하지만 대개는 한두 곡만 히트한다. 단명의 가수가 아니라면 앨범을 1집, 2집 계속 낼 터이고, 앨범마다 한두 곡씩은 히트한다. 그러다 세월이 흐르면 히트곡들을 묶어 골든 디스크라는 것을 만든다. 이 골든 디스크에 실린 곡들은 처음 부르던 대로 부르는 것이 아니라 편곡을 하고 창법을 바꾸기 때문에, 듣는 느낌이 다르다. 그것이 전보다 더 좋다고 느낄 수도 있고, 예전만 못하다고 느낄 수도 있다. 도킨스는 이미 『이기적 유전자』와 『눈먼 시계공』이라는 두 편의 히트작을 냈다. 그리고 이 책은 말하자면 도킨스의 골든 디스크에 해당한다.

1장에서는 생명의 본질이 DNA에 수록된 디지털 정보이며,

이것은 시간 속을 강물처럼 흐른다는 내용을 역설하고 있다. 도킨스가 사용한 DNA 강이라는 비유는 생명의 본질을 설명하는 데 유용한 강력한 도구임에 틀림없다. 이 강에는 실제의 강과 다른 점이 몇 가지 있다. 실제의 강은 갈라져 있던 작은 지류들이 모여 커다란 본류를 형성한다. 즉 흘러감에 따라 갈라지는 것이 아니라 모인다. 그런데 DNA 강은 흘러감에 따라 갈라진다. 또 실제의 강은 본류는 크고 지류는 가늘지만 DNA 강에는 그런 차이가 없다. 차라리 본류와 지류라는 개념이 적합하지 않다고 할 수 있다. 1장을 읽고 난 독자 중에는 강이라는 비유가 기존의 계통수의 개념과 별반 차이가 없는 것이 아닌가 하고 생각하는 사람이 있을지 모르겠다. 하지만 DNA 강과 계통수는 다르다. 계통수에서 가지 하나가 의미하는 것은 생물 분류 단계에서 문(門)을 의미할 수도 있고, 그 하위의 강(鋼), 목(目), 과(科), 속(屬), 종(種) 중 어느 하나일 수도 있다. 그러나 DNA 강에서는 양편 강둑에 의해 가로막힌 하나의 흐름은 무조건 종을 의미한다. 따라서 어느 한 시대에 흐르는 DNA 강은 그 시대에 현존하는 종의 수만큼의 지류가 있다.

　　2장에서는 오로지 모계로만 유전되는 미토콘드리아의 DNA를 이용해 인류의 기원을 밝히려는 시도를 소개하고 있으며, 3장에서는 창조론자들이 흔히 제기하는 문제, 즉 어떤 복잡한 기관이 애초부터 그런 완벽한 상태를 갖추지 않고서는 도저히 존재할 수 없었을 것이라는 생각이 가진 허점을 지적하고, 그러한 기관이 점진적인 진화를 통해 만들어질 수 있다는 점을 주장한다.

4장에서는 개체의 모든 기관, 체제, 행동 양식은 오로지 한 가지 목적을 위해 존재한다는 사실을 밝히고 있다. 그 한 가지 목적은 다름 아닌 DNA를 보존해 후대에 물려주는 일이다. 5장에서는 우주의 어느 곳에서든 생명이 탄생해 진화한다면 거쳐야 할 여러 관문을 지구의 진화 역사를 근거로 제시하고 있다.

앞에서 밝혔듯이, 이 책에서 도킨스가 주장하는 요점은 이미 이전의 작품을 통해 이야기한 내용이지만, 전과는 다른 설명 방식을 사용했으며 새로운 자료를 제시하고 있다. 따라서 도킨스의 이전 작품을 이미 읽은 독자들도 충분히 재미를 느낄 수 있으리라 생각한다. 그리고 도킨스의 이전 작품을 접하지 못한 독자라면, 이 책만으로도 도킨스가 초지일관 주장하는 바를 충분히 파악할 수 있을 것이다.

이용철

유전자의 강은 미래로 흐른다

자연이라는 말은

수백만의 수백만의 수백만의 입자들이 벌이는

수억의 수억의 수억의 끝없는 게임을 일컫는

통속적인 이름이다.

—피트 하인

피트 하인(Piet Hein, 덴마크의 디자이너 겸 수학자—옮긴이)은 고전적인 물리의 세계를 본 그대로 파악했다. 그러나 원자들의 충돌에 의해 얼핏 보기에는 별로 특별해 보이지 않는 어떤 성질을 가진 존재가 만들어질 경우, 우주에서는 중대한 일이 벌어진다. 그 성질이란 자기를 복제하는 능력을 말한다. 즉 어떤 대상이 주변 물질을 이용해 자기와 똑같은 복제품을 만들어 내는 것이다. 복제 중에 가끔 생길 수 있는 작은 결함을 지닌 주형도 거기에 포함된다. 그것이 우주 어디에서 일어나든 이 단일 사건의 종착역은 다윈이 말한 '자연선택'이라는 괴이한 이야기다. 다윈의 '자연선택' 이론은 엄청난 설명을 필요로 한다. 그 논리 정연함은 우주의 기원에 관한 가장 매력적인 신화보다도 더 뛰어난 우아함과 견고함, 그리고 시적인 아름다움을 가지고 있다. 다윈이 말한 생명의 본질은 우리에게 어떤 영감을 준다. 그러한 성질에 대한 정당한 인식을 이끌어 내는 것이 이 책을 쓴 목적의 하나다. 미토콘드리아 이브라는 명칭은 그녀의 신화적인 이름보다도 더 시적이다.

생명의 양상 중에서 데이비드 흄(David Hume)이 말한 "한 번이라도 생각해 본 사람이라면 누구든지 감탄할 수밖에 없게 만드는 가장 황홀한 것"은 어떤 명확한 목적을 완수하는, 복잡하고 세밀한 생명체의 메커니즘을 지적한 것이다. 다윈은 그 메커니즘을 "극도로 완벽하고 복잡한 기관"이라고 불렀다. 지구상의 생명체가 갖고 있는 양상 중에서 우리에게 깊은 감명을 주는 또 다른 한 가지는 풍부한 다양성이다. 종의 수로 어림해 봐도 생명을 영위하는 방식에는 수천만 가지가 있다. 이 책을 쓴 다른 한 가지 목적은, '생명을 영위하는 방식'이 'DNA에 수록된 내용을 미래로 전달하는 방식'과 동의어임을 독자들에게 확신시키는 것이다. 내가 '강(江)'이라고 말한 것은 지질 시대를 관통해 흘러오면서 지류를 만들어 온 DNA 강이다. 강물이 넘쳐 서로 섞이는 것을 방지하는 가파른 강둑은 무엇일까. 강둑은 유전자가 섞이는 것을 제한하는 종(種)이라는 장벽에 대한 비유다. 이 비유는 놀랄 만큼 강력하고 유용한 설명 도구다.

내가 쓴 모든 책은 다윈의 원리가 가진 거의 무한한 위력, 즉 원시적인 자기 복제 과정이 충분한 시간을 갖고 그 귀결점까지 전개된다면 언제 어디서든 자유롭게 발휘될 위력을 상세히 설명하고 탐구하기 위한 것이었다. 『에덴의 강』에서도 나는 이 사명을 계속 수행할 것이다. 원자들의 충돌이 빚은 그 전까지의 보잘것없는 게임에 복제자라는 존재가 투입되었을 때 어떤 결과가 생기는지를 이야기하면서, 그 이야기의 절정 부분을 제시할 것이다.

이 책을 쓰는 동안 지지와 격려, 충고와 건설적인 비평을 해준 마이클 버켓(Michael Birkett), 존 브록만(John Brockman), 스티브 데이비스(Steve Davies), 대니얼 데닛(Daniel Dennett), 존 크렙스(John

Krebs), 사라 리핀코트(Sara Lippincott), 게리 라이언(Gerry Lyons), 특히 삽화를 그려 준 아내 랄라 워드(Lalla Ward)에게 감사한다. 몇몇 단락은 다른 곳에 있는 내용을 다시 사용했다. 1장에 있는 디지털과 아날로그 부호에 관한 글은 1994년 6월 11일자 《더 스펙테이터(*The Spectator*)》에 실린 나의 글을 기초로 다시 쓴 것이다. 3장의 눈의 진화에 관한 단 닐손(Dan Nilsson)과 수잔 페글레르(Susanne Pegler)의 연구에 대한 설명은 1994년 4월 21일자 《네이처(*Nature*)》의 '뉴스 앤드 뷰(News and Views)'에 실린 내 글을 부분 인용한 것이다. 나는 그 글에 대한 저작권을 갖고 있는 두 잡지의 편집자에게 양해를 구했다. 끝으로 '사이언스 마스터스(Science Masters)' 시리즈에 참여할 것을 권유한 존 브록만과 앤서니 치탬(Anthony Cheetham)에게 감사한다.

리처드 도킨스

차례

RIVER OUT OF EDEN
에덴의 강

1
디지털 신호의 강

모든 민족은 자기 조상에 관한 전설을 갖고 있다. 전설 중 어떤 것은 단순한 전설의 차원에 머물지 않고 공식적인 종교가 되기도 한다. 사람들은 조상을 존경하고, 심지어 숭배하기까지 한다. 그들의 조상은 초자연적인 신이 아니라 실제의 조상일 터인데 말이다. 바로 여기에 생명을 이해하는 열쇠가 있다. 태어나는 모든 생명체의 대다수는 성년이 되기 전에 죽는다. 따라서 살아남아 자손을 퍼뜨리는 소수 집단 중에서도 자손을 1,000세대까지 남기는 생명체는 매우 적다. 자손을 퍼뜨리는 분야에서 엘리트라고 할 수 있는, 소수 중에서도 소수인 이 집단을 미래의 세대들은 조상이라고 부를 수 있다. 조상은 드물지만 자손은 흔하다.

모든 동물과 식물, 모든 세균과 균류(菌類), 그리고 기어 다니며 꿈틀거리는 모든 것, 이 책을 읽는 독자들까지, 과거에 살았거나 현재 살고 있는 모든 생명체들은 자신의 조상을 되돌아보면서 "우리 조상 중에는 어렸을 때 죽은 자는 하나도 없다. 그들은 모두 성년에 도달했고, 각자가 한 명 이상의 이성(異性) 배우자를 만나 성공적으로 번식했다."● 라고 자랑스럽게 주장할 수 있다. 우리 조상 중에서 한 명의 아이도 생산하지 못한 채 천적을 만났거나, 바이러스에 감염되었거나, 절벽에서 발을 헛디뎌서 죽은 조상은 하나도 없다. 우리 조상과 같은 시대를 산 수천 명이 이런 운명을 피하는 데 실패했지만, 적어도 우리 조상은 실패하지 않았다. 이 말은 무조건 옳다. 여기에는 많은 의미가 함축되어 있다. 예상하지 못한, 놀라운 의미가. 그래서 설명이 필요하다. 이것이 바로 이 책의 주제다.

모든 생명체는 자신이 갖고 있는 거의 대부분의 유전자를, 성

● 엄밀히 말하면 여기에는 예외가 있다. 진딧물과 같은 몇 가지 동물들은 배우자 없이도 생식을 한다. 오늘날은 인공 수정 기술 덕에 성 관계를 갖지 않고도 아이를 가질 수 있다. 심지어 체외 수정에 필요한 난자를 태아로부터 얻을 수도 있기 때문에, 그 태아는 성년에 이르지 않고도 자손을 갖게 되는 셈이다. 그럼에도 불구하고 대부분의 경우, 내가 말하려는 요점의 의미는 줄어들지 않는다.

공하지 못한 조상의 동년배들로부터가 아니라 성공한 그들의 조상으로부터 물려받기 때문에 성공적인 유전자를 갖게 되는 경향이 있다. 그들은 장차 조상이 될 수 있는 자질을 갖고 있다. 조상이 된다는 것은 살아남아 자손을 남긴다는 말이다. 이것이 바로 생명체가 훌륭하게 설계된 기계(자손을 남겨 조상이 되려고 애쓰는 듯이 보이는, 능동적으로 작용하는 실체)를 만드는 유전자를 물려받는 경향이 있는 이유다. 그것이 바로 새는 왜 잘 나는가, 물고기는 왜 헤엄을 잘 치는가, 원숭이는 왜 나무를 잘 타는가, 바이러스는 왜 잘 번식하는가 같은 질문에 대한 답이다. 그것이 바로 왜 우리가 삶을 사랑하고 섹스를 좋아하며 아이를 사랑하는가 하는 이유다. 이것은 우리가 한 건의 예외도 없이, 끊어지지 않고 이어진 성공한 조상들의 계보로부터 우리가 가지고 있는 모든 유전자를 물려받았기 때문이다. 이 세상은 장차 조상이 될 수 있는 자질을 가진 생명체들로 가득 차 있다. 내가 지금까지 한 이야기를 한마디로 다윈주의(Darwinism)라고 한다. 물론 다윈은 이보다 더 많은 것을 이야기했다. 그리고 오늘날 우리는 그보다 더 많은 것을 이야기할 수 있다. 그러므로 이 책은 여기서 끝나지 않는다.

앞에서 한 이야기는 심각한 오해의 소지가 있다. 그러나 어쩌면 그런 오해는 자연스럽다. 조상들이 성공하면 그들이 자손에게 물려주는 유전자는 그 자신이 부모로부터 받았던 유전자보다 상대적으로 격이 높아질 것이라고 생각하기 쉽다. 그들이 거둔 성공과 관련된 어떤 것이 그들의 유전자 위에 새겨지고, 그 결과 그들의 자손들은 날거나, 헤엄치거나, 짝짓기하는 데 전문가가 된다고. 그러나 이 생각은 틀렸다. 완전히 틀렸다! 유전자는 사용한다고 개선되지 않는다. 유전자는 극히 드물게 일어나는 무작위적인 실수가 일어나지 않는다면 변하지 않고 전달된다. 성공이 훌륭한 유전자를 만들지는 않는다. 훌륭한 유전자가 성공을 만드는 것이다. 개체는 살아가는 동안 자신의 유전자에 어떤 영향도 주지 못한다. 훌륭한 유전자를 가지고 태어나는 개체는 자라서 성공적인 조상이 될 가능성이 있다. 따라서 훌륭한 유전자는 그렇지 못한 것에 비해 미래 세대로 전달될 가능성이 높다. 각 세대는 필터이자 체다. 좋은 유전자는 체를 통과해 다음 세대로 전달된다. 좋지 않은 유전자는 어려서 죽거나 번식하지 못하고 끝을 맺는다. 좋지 않은 유전자도 한두 세대 정도는 체를 통과할 수 있다. 그것은 아마도 그것들이 좋은 유전자와 한몸에 들어가는 행운을 누렸기 때문일 것이다. 그러나 겹겹이 쌓여 있는 1,000개의 체를 성공적으로 통과하려면 행운 이상의 어떤 것이 필요하다. 1,000세대를 무사히 통과한 유전자는 훌륭한 것일 가능성이 높다.

세대를 이어 내려오며 생존하는 유전자들은 그것을 가진 개체가 조상이 되도록 하는 데(자손을 남기는 데) 성공한 유전자일 것이라고 말했다. 이 말은 사실이다. 하지만 그 생각을 논하기 전에 혼란을 피하기 위해 명확한 예외 한 가지를 밝혀 두겠다. 그것은 태어날 때부터 불임인 개체들을 가진 몇몇의 종이다. 불임인 그 개체들은 그들의 유전자를 다음 세대로 전달하는 일을 돕도록 설계된 것처럼 보인다. 개미 가운데 일개미, 꿀벌 가운데 일벌, 말벌 가운데 일벌, 흰개미 가운데 일개미는 불임이다. 그들은 자신이 조상이 되기 위해서 일하는 것이 아니라 대개는 자신의 형제나 자매인, 생식 능력이 있는 친족이 자손을 남길 수 있도록 일을 한다. 여기서 알아 두어야 할 두 가지가 있다. 첫째, 동물의 종류에 관계없이 형제자매는 같은 유전자를 공유할 가능성이 매우 높다. 둘째, 한 마리의 흰개미가 생식 능력이 있는 개미가 될 것인가, 아니면 불임의 일개미가 될 것인가를 결정하는 것은 유전자가 아니라 환경이다. 모든 흰개미는 어떤 조건에서는 자신을 불임의 일개미로, 다른 조건에서는 생식 능력이 있는 왕개미나 여왕개미로 만들 수 있는 유전자를 갖고 있다. 생식 능력이 있는 왕개미나 여왕개미는 불임의 일개미가 가진 유전자, 즉 왕개미나 여왕개미가 유전자를 다음 세대로 전달할 수 있도록 돕게 만드는 유전자를 다음 세대로 전한다. 불임의 일개미는 생식 능력이 있는 개미의 몸에 들어 있는 유전자의 복제품을 가지고 있는데, 그 복제 유전자의 영향을 받아 최선을 다해 일한다. 일개미가 가진 복제 유전자는 생식 능력이 있는 개미가 가진 유전자가 여러 세대에 걸친 체를 통과할 수 있도록 돕는다. 흰개미 개체군의 일개미는 수컷일 수도 있고 암컷일 수도 있다. 그러나 개미, 꿀벌, 말벌의 노동 계급은 전부 암컷이다. 이 점을 제외한 나머지 원리는 똑같다. 이런 현상은 몇 종류의 조류와 포유류, 또는 다른 동물에서 다소 완화된 형태로 나타나기도 한다. 즉 나이 많은 형이나 언니가 어린 동생을 돌보는 게 바로 그것이다. 요약하면 유전자는 자신이 들어 있는 신체가 조상이 되도록 도와주는 것이 아니라, 친족의 신체가 조상이 되도록 도와주는 것을 통해서 세대라는 체를 통과하는 방법을 모색할 수도 있는 것이다.

책 제목으로 쓴 '강'이란 'DNA의 강'을 말한다. 그것은 공간이 아닌 시간 속을 흐른다. 뼈와 조직의 강이 아니라 정보의 강이다. 신체 그 자체의 강이 아니라 신체를 만드는 추상적인 지시문의 강이다. 그 정보는 신체를 통해 전달되고 그 신체에 영향을 미친다. 그러나 그 정보는 전달되는 동안 신체의 영향을 받지 않는다. 그 강은 자신을 흘러가게 하는 신체가 거둔 성취와 경험의 영향을 받지 않는다. 얼핏 보기에 훨씬 더 강력해 보이는 잠재적인 오염 원인인 성(性)의 영향도 받지 않는다.

우리 몸에 있는 모든 세포에는 어머니의 유전자 절반과 아버지의 유전자 절반이 어깨를 맞대고 있다. 어머니의 유전자와 아버지의 유전자가 협력해 우리를 치밀하고 분해할 수 없는 혼합물로 만든다. 그러나 유전자 자체는 섞이지 않는다. 단지 그들의 효과가 섞일 뿐이다. 유전자 자체는 부싯돌같이 단단한 내구성을 가지고 있다. 다음 세대로 넘어갈 때 유전자는 아이의 몸속으로 들어가거나 들어가지 않기도 한다. 아버지의 유전자와 어머니의 유전자는 섞이지 않는다. 그것들은 독립적으로 유전되어 다시 결합한다. 우리 몸에 있는 어떤 한 유전자는 아버지로부터 받은 것이거나, 아니면 어머니로부터 받은 것이다. 그것은 네 분의 조부모 중 한 분, 오로지 한 분으로부터 받은 것이다. 여덟 분의 증조부모 중 단지 한 분으로부터 받은 것이다. 그 위의 조상에서도 마찬가지다.(이러한 사실을 처음 알아낸 사람이 멘델이다. ──옮긴이)

지금까지는 각 유전자들의 강에 대해 이야기했다. 이제부터는 지질 시대를 관통해 행진하는 유전자들의 대열에 관해서 이야기하겠다. 하나의 개체군 속에 있는 모든 유전자는 장기적으로 보면 동료다. 단기적으로 보면 그들은 개체의 몸뚱이 안에 들어앉아서 그 몸뚱이를 공유하는 여러 유전자들과 일시적으로 더욱 긴밀한 동료가 된다. 유전자들은 그 종이 선택한 특정한 생활 방식대로 살고, 번식하는 데 적합한 신체를 만드는 일에 능숙해야만 그 시대에 살아남을 수 있다. 이것만으로는 부족하다. 살아남는 데 능숙하려면 유전자는 같은 종(같은 강)에 있는 다른 유전자와 협력하는 일에도 능숙해야만 한다. 장기간에 걸쳐 살아남으려면 유전자는 다른 유전자의 훌륭한 동료여야만 한다. 유전자는 동료나 배경, 즉 같은 강에 있는 다른 유전자들과 잘 어울려야만 한다. 그러나 다른 종의 유전자는 서로 다른 강에 있으므로 그들과는 잘 어울릴 필요가 없다. 왜냐하면 그들은 같은 신체를 공유할 필요가 없기 때문이다.

종에 대한 정의는 그 종에 속하는 모든 개체가 그들을 통과해 흐르는 같은 유전자의 강을 갖고 있다는 것이다. 그 종이 가진 모든 유전자는 서로 좋은 동료가 될 준비가 되어 있다. 기존의 한 종이 둘로 갈라지면 새로운 종이 생겨난다. 동시에 유전자의 강도 둘로 갈라진다. 유전자의 관점에서 보면 종의 분화, 즉 새로운 종의 출현은 '영원한 이별'인 셈이다. 짧은 기간 동안의 부분적인 분리 이후 두 개의 강은 영원히, 또는 그중 하나가 말라서 모래 속으로 사라질 때까지 각자의 길을 간다. 각자의 강둑 안에 단단하게 갇힌 채, 강물은 유성 생식을 통한 재조합(sexual recombination)으로 섞이고 또 섞인다. 그러나 강물은 결코 강둑을 넘어 다른 강을 오염시키지 않는다. 하나의 종이 둘로 나뉘면 그 두 유전자들은 이제 더 이상 동료가 아니다. 그들은 더 이상 같은 신체 안에서 만나지 않으며, 더 이상 서로 협력할 필요도 없다. 그들 사이에는 더 이상의 짝짓기도 없다. 여기서 말하는 짝짓기란 문자 그대로 유전자들이 타고 있는 일시적 수레인 신체 사이의 성적 교접을 말한다.

'종의 분화'는 왜 일어나는가? 무엇이 유전자들 사이의 영원한 이별을 초래하는가? 무엇이 강을 둘로 나누고, 둘로 나뉜 그 지류를 다시는 만나지 않게 만드는가? 세부 사항에서는 논쟁의 여지가 있겠지만, 종의 분화에서 가장 중요한 요소는 우발적인 지리적 격리라는 사실을 어느 누구도 의심하지 않는다. 유전자의 강은 시간 속을 흐른다. 그러나 유전자의 물리적인 짝짓기는 육체 안에서 이루어지며, 육체는 공간 속의 한 자리를 차지하고 있다. 만날 수만 있다면, 북아메리카산 회색다람쥐와 영국산 회색다람쥐는 교잡할 수 있다. 하지만 그들은 만날 가능성이 없다. 결과적으로 북아메리카산 회색다람쥐의 유전자 강은 대서양에 의해 영국산 회색다람쥐의 유전자 강으로부터 4,800킬로미터만큼 떨어져 있는 셈이다. 두 유전자 대열은 기회가 닿는다면 여전히 훌륭한 동료가 될 수 있지만, 실제로는 더 이상 동료가 아니다. 아직은 되돌릴 수 없는 이별은 아니지만 이미 그들은 작별을 고했다. 그렇게 갈라진 채 또 수천 년이 지나면 두 개의 강은 너무 멀리 떨어져 흐르게 되어, 회색다람쥐가 다시 만난다 해도 더 이상은 유전자를 교환할 수 없을 것이다. 여기서 '떨어져 흐른다'는 말은 공간적으로 분리되어 있다는 뜻이 아니고 유전자들이 조화를 이루지 못한다는 말이다.

오래전에 있었던 회색다람쥐와 청설모의 분리도 이와 같은 식으로 이루어졌을 것임에 틀림없다. 이제 두 종 사이에서는 교잡이 일어나지 않는다. 그들은 유럽의 일부에서 같은 지역에 살며, 때때로 도토리를 두고 서로 다투기도 하지만, 짝짓기하여 생식 능력이 있는 자손을 만들지는 못한다. 그들의 유전자 강은 그동안 너무 멀리 떨어져 흘러 왔다. 이 말은 그들의 유전자가 하나의 신체

속에서 서로 조화를 이루기에는 더 이상 적합하지 않다는 뜻이다. 여러 세대 전에 청설모의 조상과 회색다람쥐의 조상은 하나였고 같은 개체였다. 그러나 그들은 지리적으로 격리되었다. 아마 산맥이 솟아올랐거나, 건널 수 없는 강이 생겼을 것이다. 그리고 마침내는 대서양에 의해서 격리되었다. 그들의 유전자는 서로 조화를 이룰 수 없는 다른 방향으로 각자 변해 갔다. 지리적인 격리가 유전자의 부조화를 초래한 것이다. 훌륭한 동료가 형편없는 동료가 되었다(아니면 교잡을 시도해 보니 형편없는 동료임이 드러났을 것이다.). 형편없는 동료가 더욱 형편없어져 오늘날 그들은 전혀 동료가 될 수 없다. 그들의 이별은 결정적이다. 두 개의 강은 분리되어 더욱더 멀어질 운명이다. 훨씬 전에 있었던, 예를 들어 사람의 조상과 코끼리 조상의 분리에도, 또는 (사람의 조상이기도 한) 타조의 조상과 전갈 조상의 분리에도 같은 이야기가 적용된다.

오늘날에는 대략 3000만 갈래의 DNA 강이 있다. 그 숫자는 지구상에 있는 종의 수를 어림잡은 것이다. 현존하는 종 수는 지금까지 출현했던 전체 종 수의 약 1퍼센트라고 추정된다. 따라서 DNA 강은 원래 전부 약 30억 갈래가 있었던 것이다. 오늘날의 3000만 갈래의 강은 되돌릴 수 없이 분리되어 있다. 그들 중 많은 수가 말라서 사라질 운명이다. 대부분의 종은 사라지게 마련이기 때문이다. 그 3000만 개의 강(편의상 강의 지류도 강이라고 하겠다.)을 따라 과거로 거슬러 올라가면 그것들이 다른 강과 하나 둘씩 합류하는 것을 발견할 것이다. 약 700만 년 전으로 거슬러 올라가면 인간의 유전자 강은 침팬지의 유전자 강과 합류한다. 거의 동시에 고릴라의 유전자 강과 합류한다. 수백만 년을 더 거슬러 올라가면 우리가 속한 아프리카 유인원의 강은 오랑우탄의 유전자 강과 합류한다. 더 거슬러 올라가면 긴팔원숭이의 유전자 강과 만난다. 이는 몇 종의 긴팔원숭이와 큰긴팔원숭이의 강이 합류한 것이다. 시대를 거슬러 계속 올라가면 우리의 유전자 강은 구대륙의 원숭이와 신대륙의 원숭이, 그리고 마다가스카르의 여우원숭이 강이 합쳐진 하나의 강과 합류한다. 훨씬 더 과거로 거슬러 올라가면 우리의 강은 설치류, 고양이류, 박쥐류, 코끼리 등 다른 주요 집단과 합류해 포유류의 강이 된다. 그런 다음 파충류, 조류, 양서류, 어류, 무척추동물의 강을 만난다.

강이라는 비유를 쓸 때 조심해야 할 중요한 사항이 한 가지 있다. 이를테면 회색다람쥐라는 한 종으로 갈라지는 흐름이 아니라, 장차 모든 포유류가 분화될 흐름이 처음 갈라지는 곳을 생각할 때,

우리는 대개 미시시피 강이나 미주리 강 정도의 커다란 규모를 상상하기 쉽다. 포유류의 강은 결국, 난쟁이땃쥐에서 코끼리에 이르는, 또는 땅 속의 두더지에서 나무 위의 원숭이에 이르는 모든 포유류가 만들어질 때까지 갈라지고 또 갈라질 운명이다. 포유류 지류는 수천의 중요한 수로에 물을 대야만 한다. 그러니 얼마나 크고 물살이 세겠는가? 하지만 이러한 이미지는 전적으로 틀린 것이다.

오늘날의 모든 포유류의 조상이 되는 동물이 포유류가 아닌 어떤 종에서 갈라져 나왔을 때, 그 사건은 다른 어떤 종의 분화보다도 더 중요하지 않았다. 그 당시에 지구를 여행하던 박물학자가 있었다면 그 사건을 무심코 지나쳤을 것이다. 유전자의 강에서 새로 생겨난 지류는 졸졸 흐르는 시냇물에 불과했다. 그것은 작은 야행성 생물로, 포유류가 아닌 사촌과 별반 다르지 않았다. 회색다람쥐와 청설모의 차이에 불과했다. 결국 그것이 포유류의 조상임을 안 것은 나중의 일이다. 당시에 그것은 단지 포유류를 닮은 파충류 중 한 종이었을 뿐이리라. 공룡의 먹이가 된, 주둥이가 뾰족하고 곤충을 잡아먹는 10여 종의 작은 동물과 별반 다르지 않았을 것이다.

오래전에 다른 커다란 동물 집단, 즉 척추동물, 연체동물, 갑각류, 곤충류, 환형동물, 편형동물, 강장동물 등의 조상이 갈라져 나올 때에도 어떤 극적인 요소가 부족한 것은 마찬가지였다. 척추동물(그리고 다른 동물)이 갈라져 나온 강에서 연체동물(그리고 다른 동물)이 갈라져 나온 강이 분기할 때 (아마 벌레 같았을) 두 종류의 생물은 비슷해서 교잡을 할 수 있었을 것이다. 그들이 짝짓기를 하지 못한 유일한 이유는 우연히 어떤 지리적 장벽으로 분리되었기 때문일 것이다. 마치 전에는 하나로 합쳐 흐르던 물을 마른 땅이 갈라놓은 것처럼……. 두 집단에서 각각 연체동물과 척추동물이 나올 것이라고는 아무도 생각하지 못했을 것이다. 그 당시 두 개의 DNA 강은 이제 막 갈라진 작은 시냇물에 불과했고, 두 동물 집단은 거의 구분할 수 없을 정도로 비슷했다.

동물학자들은 앞에서 말한 것을 다 알고 있다. 그러나 연체동물과 척추동물 같은 정말로 큰 동물 집단을 생각할 때에는 가끔 그 사실을 잊는다. 그들은 동물계 주요 집단의 분리를 중대한 사건으로 생각하고 싶어 한다. 동물학자들이 그렇게 생각하는 이유는, 동물계의 주요 집단들은 종종 독일어로 바우플란(Bauplan)이라고 불리는 고도로 단일한 어떤 것에 의해 만들어졌다는, 경건한 믿음에 가까운 사고방식 속에서 교육받았기 때문이다. 바우플란은 원래 '건축 설계도'를 뜻하지만, 학술 용어로 정착되었다. 최신판 옥스퍼드 영어 사전에 나와 있지는 않지만(이 사실을 발견하고 나는 약간 충격을 받았다.), 나는 그것을 영어 단어의 하나로 사용할 것이다(솔직히 말하면 내가 그 단어를 동료들보다 덜 사용하기 때문에, 그것이 사전에 나오지 않았을 때 남의 불행을 고소하게 여기는 마음에서 약간의 전율을 느꼈다.). 바우플란은 종종 학술적인 의미로 '기본적인 신체 설계'로 해석되고는 한다. '기본적인'이라는 단어를 사용하는 것(또는 마찬가지로 심연(深淵)을 뜻하는 독일어를 무의식중에 생각하는 것)이 문제다. 이것 때문에 동물학자들은 심각한 잘못을 범한다.

어떤 동물학자는 (대략 6억 년 전과 5억 년 전 사이에 있었던) 캄브리아기 동안에 일어난 진화는 그 후의 진화와 완전히 다른 것이었다고 주장한다. 오늘날의 진화로는 원래 있던 종에서 새로운 종이 출현할 뿐이지만 캄브리아기의 진화로 연체동물과 갑각류 같은 주요 집단이 등장했기 때문이라는 것이다. 이 얼마나 휘황찬란한 오류인가! 연체동물과 갑각류처럼 완전히 다른 생물도 원래는 지리적으로 격리되었을 뿐인 같은 종의 집단들이었다. 만날 수만 있었다면 격리된 다음에도 잠시 동안 그들은 서로 짝짓기를 할 수 있었다. 그러나 그러지 못했다. 수백만 년 동안 서로 분리되어 나름대로 진화한 후에, 그것들은 오늘날 동물학자들이 분류하는 방식에 따라 각각 연체동물과 갑각류가 되었다. 이러한 특질들이 '기본적인 신체 설계', 또는 '바우플란'이라는 거창한 이름을 단 채 위엄을 갖추게 된 것이다. 그러나 동물계의 주요한 바우플란들은 공통 조상에서부터 차차 갈라졌다.

솔직히 말하자면 점진적인, 또는 '비약적인' 진화가 어떻게 일어났는가에 관해서는 약간의 의견 차이가 있다. 하지만 단번에 전혀 새로운 바우플란이 만들어질 정도로 비약적인 진화가 있었다고는 아무도 생각하지 않는다. 앞에 인용했던 동물학자는 1958년에 그 글을 썼다. 오늘날에는 그의 주장을 노골적으로 지지하는 동물학자는 거의 없다. 그러나 동물학자들은 종종 암묵적으로 그의 주장에 동의한다. 고대의 동물 개체군이 우연한 지리적 격리로 인해 분화된 것이 아니라, 제우스의 머리에서 아테네가 출현한 것처럼, 동물계의 주요 집단들이 완전한 형태를 갖춘 채 저절로 출현한 것처럼 이야기한다.●

● 스티븐 제이 굴드(Stephen J. Gould)가 버제스세일(Burgess Shale)의 캄브리아기 동물군에 관해 훌륭하게 해설한 책, 『생명, 그 경이로움에 대하여(*Wonderful Life*)』를 참고할 때에는 이 점을 명심해야 한다.

커다란 동물 집단들은 우리가 생각하는 것보다 훨씬 가깝다
는 것이 분자생물학 연구를 통해 밝혀졌다. 유전 암호는 한 언어에
64개의 단어(네 글자의 알파벳으로 만들어진 64개의 트리플렛 코드)가 있고
이것들은 다른 언어의 21단어(20개의 아미노산과 1개의 마침표)에 대응
하도록 표시되어 있는 사전으로 생각할 수 있다. 똑같은 64:21 대
응이 우연히 두 번 일어날 확률은 1,000,000,000,000,000,000,000,
000,000,000,000분의 1보다도 작다. 그러나 실제로는 모든 동물,
식물, 세균과 그밖의 모든 생명체의 유전 암호는 문자 그대로 동일
하다. 따라서 지구상의 모든 생명체는 하나의 조상에서 유래했음
이 확실하다. 이 점에 관해서는 논란의 여지가 없다. 그런데 오늘
날 암호 그 자체가 아니라 유전 정보의 배열을 조사한 결과, 곤충
과 척추동물에서 놀랍도록 유사한 점이 발견되었다. 곤충의 체절
화(體節化)된 신체를 설계하는 데는 상당히 복잡한 유전적 메커니
즘이 필요하다. 그런데 섬뜩할 정도로 빼닮은 유전적 기구가 포유
류에서도 발견되었다. 분자의 관점에서 보면 모든 동물들은 서로
상당히 가까운 친척이다. 심지어 식물과도 가까운 친척 관계다.
인간의 먼 친척을 찾으려면 세균한테 가야만 하는데, 그 경우에도
유전 암호 그 자체는 동일하다. 바우플란의 해부학적 구조가 아니

라, 유전 암호에 관해 그런 정확한 계산이 가능한 이유는 유전 암호가 엄격한 디지털 방식이기 때문이다. 디지털 방식은 정확하게 셀 수 있다. 유전자 강은 디지털 신호의 강이다. 이제부터는 이 공학 용어가 무엇을 의미하는지를 설명해 보겠다.

공학자들은 디지털 신호와 아날로그 신호의 구별을 중요하게 생각한다. 전축과 카세트, 그리고 일부 전화도 아날로그 신호를 사용한다. 콤팩트디스크, 컴퓨터, 그리고 가장 현대적인 전화는 디지털 신호를 사용한다. 아날로그 전화 시스템에서는 진동판을 울리는 공기 압력의 변화(소리)가 전선 속의 전압 변화로 전환된다. 전축판도 비슷한 방식으로 작동한다. 전축판에 파여 있는 구불구불한 골이 바늘을 진동시킨다. 바늘의 이러한 움직임은 그에 대응하는 전압의 오르내림으로 변환된다. 전선의 다른 쪽 끝에서는 이러한 전압의 변화가 수화기나 전축 스피커의 막을 통해, 그에 상응하는 공기 압력의 변화로 전환된다. 우리는 그 소리를 들을 수 있다. 아날로그 신호는 단순하고 직접적이다. 전선 속의 전압 변화는 공기 압력의 변화에 비례한다. 일정한 범위 안에서 모든 전압이 존재할 수 있다. 이것이 전선을 타고 흐르며, 그 전압들의 차이가 중요하다.

디지털 전화에서는 단지 두 가지(아니면 다른 불연속적인 수, 가령 8가지 또는 256가지) 전압만이 존재한다. 이것이 전선을 타고 흐른다. 정보는 전압 그 자체에 실리는 것이 아니라 불연속적인 전압의 변화 패턴에 실린다. 이것을 펄스 부호 변조라고 부른다. 그 8가지 전압은 이를테면 화폐의 액면가와 같다. 어떤 한순간의 실제 전압이 8가지 전압 가운데 어느 한 가지와 정확히 일치하는 일은 거의 없다. 그러나 수신기가 그것을 가감해 미리 정해진 전압 중에서 가장 가까운 것으로 바꾼다. 전송 상태가 형편없어도 수신기에서는 거의 완벽한 신호가 나온다. 신경 써야 할 것은, 불연속적인 전압의 간격을 충분히 떨어뜨려 수신기가 무작위적 파동을 잘못 번역하지 않도록 하는 일이다. 이것이 디지털 방식의 커다란 장점이다. 이것이 오늘날 오디오와 비디오 시스템(그리고 정보 기술 전반)을 급속도로 디지털 방식으로 바꾸는 이유다. 컴퓨터는 물론 모든 일에 디지털 신호를 사용한다. 편의상 그것은 2진 부호이다. 즉 8가지나 256가지의 전압 대신 딱 두 가지 전압만 사용한다.

디지털 전화기에서도 송화기로 들어가는 소리와 수화기에서 나오는 신호는 여전히 아날로그적인 공기 압력의 파동이다. 다만 송화기에서의 변환과 수화기에서의 변환 사이를 디지털 신호로 이루어진 정보가 흐르는 게 다르다. 어떤 종류의 신호 체계는 아날로그 신호를 1,000분의 1초 단위로 끊어서 불연속적인 펄스의 행렬(디지털 신호로 변환된 수)로 바꾼다. 사랑의 속삭임, 여러 뉘앙스를 담은 말, 목멘 소리들, 땅 꺼질 듯한 한숨, 간절한 음성 모두가 오로지 숫자의 형태로 전선을 따라 전달된다. 충분한 속도로 암호화되고 적당한 형태로 다시 번역되기만 한다면, 우리는 숫자에 의해서도 감동을 받아 눈물을 흘리게 된다. 오늘날의 전기 교환기는 아주 빨라서 회선을 사용하는 시간을 몇 조각으로 나눌 수 있다. 마치 바둑의 고수가 시간을 쪼개 여러 대국자와 동시에 바둑을 두는 것과 같다. 이런 방식으로 수천 개의 통화가 혼선 없이 전기적으로 분리되어 같은 전화선을 통해 동시에 이루어질 수 있는 것이다. 전화국 사이의 중계선은 디지털 신호의 커다란 강이다. 오늘날 그것들 중 많은 수는 전선이 아니라 송신탑에서 송신탑으로 직접 전파되거나, 위성의 중계를 받아 송신되는 무선 신호다. 그러나 이 정교한 전기적 분리 때문에, 수천 개의 디지털 신호가 하나의 강에 함께 흐르게 된다. 단지 피상적인 의미로 같은 강둑에 갇혀 있을 뿐이다. 마치 회색다람쥐와 청설모가 같은 나무에 살고 있지만 유전자를 결코 섞지 않는 것과 같다.

공학자의 세계로 돌아가 보자. 아날로그 신호에 생긴 결함은, 그것들이 되풀이되어 복제되지 않는 한 큰 문제가 되지 않는다. 카세트테이프에는 고음역에서 생기는 잡음이 어느 정도 있게 마련인데, 그 소리는 증폭시키지 않는 한 거의 느끼지 못할 정도로 작다. 잡음을 증폭시키면 새로운 소음이 또 생긴다. 그러나 만약 그 테이프를 다시 다른 테이프에 녹음하고, 그것을 다시 다른 테이프에 녹음하고, 다시 다른 테이프에 녹음하는 일을 100번 정도만 계속하면 끔찍한 잡음만 남아 있게 된다. 모든 전화가 아날로그 방식이던 시대에는 이와 비슷한 문제가 있었다. 신호가 긴 전화선을 타고 흐르다 보면 약해지기 때문에 중간에 100킬로미터, 또는 일정한 거리마다 승압(증폭)을 해 주어야 했다. 아날로그 시대에는 이것이 걱정거리였다. 왜냐하면 증폭될 때마다 배경 잡음의 비율이 증가하기 때문이다. 디지털 신호도 마찬가지로 승압을 해야 한다. 그러나 디지털 신호에서는 앞에서 살펴본 이유 때문에 승압이 에러(error)를 만들지는 않는다. 중간에 승압기가 몇 개가 끼어 있어도 정보를 완전하게 전달할 수 있다. 수백의 수백 킬로미터를 지나더라도 잡음이 커지지 않는다.

내가 어렸을 때 어머니는, 우리 몸의 신경은 전화선과 같다고 설명해 주셨다. 그 방식이 아날로그일까? 아니면 디지털일까? 신경 자극의 전달은 그 둘을 혼합한 흥미 있는 방식이다. 신경 세포는 전선과는 다르다. 그것은 화학적 변화의 파동이 전달되는 길고 가는 관이다. 마치 땅에 길게 뿌려 놓은 화약선에서 불꽃이 타들어 가는 것과 같다. 한 가지 다른 점이 있다면, 화약은 한 번 타면 그만이지만, 신경은 짧은 휴식을 거친 후 금방 원상태를 회복해 다시 타들어 갈 수 있다는 것이다. 파동의 절대적인 크기(화약 불꽃의 온도)는 신경을 타고 흐를 때 커졌다 작아졌다 할 수 있다. 그러나 이것은 무의미하다. 암호는 그것을 무시한다. 디지털 전화에 두 가지 전압만 있는 것처럼 화학적 펄스(pulse)는 있거나 없거나 둘 중 하나다(이것을 실무율(all or none rule)이라고 한다. —옮긴이). 이런 점에서 신경계는 디지털 방식이다. 그러나 신경 충격은 바이트(byte)로 쪼개지지 않는다. 그것들은 불연속적인 암호 숫자로 변환되지 않고 대신 신호의 강도(소리의 크기, 빛의 밝기, 아마 감정의 괴로운 정도까지도)가 단위 시간당 신경 충격의 회수로 번역된다. 공학자들은 이런 변환 방식을 '펄스 주파수 변조'라고 한다. '펄스 부호 변조'가 채택되기 전에는 이 방식이 일반적이었다. (신경 세포에 2배 강한 자극을 주면 신경 충격의 강도가 2배로 커지는 것이 아니라 시간당 발생하는 신경 충격의 회

수가 2배로 많아진다는 말이다. —옮긴이)

펄스의 속도는 아날로그의 양에 달려 있다. 그러나 펄스 그 자체는 디지털이다. 있거나 없거나 둘 중 하나지 그 중간은 없다. 신경계는 여느 디지털 시스템과 마찬가지로 여기서 같은 장점을 취한다. 신경계에도 승압기에 해당하는 것이 있다. 그런데 그 승압기는 100킬로미터마다 있는 것이 아니라 1밀리미터마다 있다. 척수와 손가락 끝 사이에는 800개의 승압기가 있다. 신경 충격의 진폭(화약 불꽃의 크기)이 문제가 된다면, 메시지는 기린의 목은 고사하고 사람의 팔 길이 정도를 흘러간 후에는 인식하지 못할 정도로 일그러질 것이다. 마치 테이프를 800번 반복해서 복제할 때처럼, 또는 서류를 복사한 것을 또 복사하고, 그것을 다시 또 복사할 때처럼 각 증폭 단계마다 더 많은 에러가 생길 것이다. 사진을 800 '세대', 즉 800번에 걸쳐 복사하고 나면 뿌연 회색 얼룩밖에는 남지 않는다. 신경 세포가 처한 문제점의 유일한 해결책은 디지털 부호화다. 자연선택은 당연히 그것을 채택했다.

나는 DNA의 분자 구조를 해명한 프랜시스 크릭(Francis Crick)과 제임스 왓슨(James Watson)이 아리스토텔레스와 플라톤만큼 오랫동안 존경받아야 한다고 생각한다. 그들이 받은 노벨상은 '생리·의학' 분야인데, 이것은 온당하다. 하지만 그들의 업적에 비하면 하찮은 것이다. 그들의 혁명적인 업적 이후 혁명이 지속되고 있다고 말하는 것은 용어상 모순이다. 왜냐하면 그 두 젊은이가 1953년에 촉발시킨 사고 전환의 결과, 의학뿐만 아니라 생명에 대한 전반적 이해가 혁명적인 변화를 겪는 상황이 계속되고 있기 때문이다. 유전자 자체에 관한 내용이나, 유전 질환에 관한 원인 규명은 단지 빙산의 일각에 불과하다. 왓슨과 크릭 이후의 분자생물학이 이룬 진정한 혁명적 발견은 유전 정보가 디지털 방식으로 저장되어 있다는 것이다.

왓슨과 크릭 이후, 유전자 자체는 DNA의 작은 내부 구조 안에 들어 있는 순수한 디지털 정보의 긴 사슬이라는 것을 알게 되었다. 더 나아가 그것은 신경계처럼 불충분한 디지털 방식이 아니라 컴퓨터나 콤팩트디스크처럼 완전하고도 강력한 의미의 진정한 디지털 방식이다. 유전 암호는 컴퓨터에서 사용하는 것과 같은 2진 부호가 아니다. 그렇다고 일부 전화 시스템에서 사용하는 것과 같은 8단계 부호도 아니다. 그것은 4개의 기호를 사용하는 4원 부호다. 유전자의 암호 체계는 섬뜩할 정도로 컴퓨터를 닮았다. 사용하는 전문 용어가 다르다는 것만 제외하면 분자생물학 학술지의 각 장은 컴퓨터 공학 학술지의 내용으로 바꿀 수 있을 것이다. 생명의 핵심을 새롭게 설명하는 이 디지털 혁명은 생기론(vitalism, 살아 있는 물질은 살아 있지 않은 물질과 뭔가 큰 차이가 있다는 믿음)에 가해진 최후의 일격이었다. 1953년 바로 전까지만 해도 살아 있는 원형질에는 뭔가 근본적이고 해명하기 힘든 신비로운 것이 있다는 믿음을 갖는 것이 가능했다. 그러나 이제 더 이상은 아니다. 생명에 관한 기계론적 관점에 경도된 철학자들조차도 그들의 투박한 꿈이 그렇게 완벽하게 이루어질 줄은 감히 상상도 하지 못했다.

지금부터 이야기할 공상 과학 소설은, 오늘날에 비해 약간 속도가 빠르다고 할 수 있는 미래의 과학 기술이 있다면 가능한 그런 이야기다. 짐 크릭슨(Jim Crickson, 제임스 왓슨과 프랜시스 크릭의 이름을 합쳐 만든 가공의 인물—옮긴이) 교수는 외계의 사악한 힘에 의해 납치되어 생물학전(生物學戰) 실험실에서 강제로 연구하게 되었다. 지구 문명을 구하기 위해서는 바깥 세상에 있는 특급 비밀 정보 기관과 통신해야만 한다. 그러나 그는 정상적인 통신 채널을 사용할 수 없었다. 단 한 가지만 빼고. 64개의 '트리플렛 코드(triplet code)'로 이루어진 DNA 암호는 영어 알파벳의 대문자와 소문자 모두와 10개의 숫자, 띄어쓰기, 마침표까지 표현하기에 충분했다. 크릭슨 교수는 실험실의 선반에서 유행성 독감 바이러스를 꺼내 그 유전체 (genome) 속에 완전한 영어 문장의 형태로 메시지를 넣어 바깥 세상으로 내보냈다. 그는 암호문이 있다는 사실을 쉽게 알아볼 수 있도록 메시지에 '깃발' 염기 서열(flag sequence), 예를 들어 최초 소수(素數) 10개로 이뤄진 염기 서열을 덧붙여 바이러스의 유전체 속에 집어넣었다. 그런 다음 그는 스스로 그 바이러스에 감염되어 사람이 꽉 찬 방 안에서 재채기를 했다. 그러자 유행성 독감이 세상을 휩쓸었다. 그곳에서 멀리 떨어진 곳의 한 의학 연구실에서는 그 바이러스의 백신을 만들기 위해 바이러스 유전체의 염기 서열을 밝히는 작업에 착수했다. 곧 그 유전체에는 이상하게 여러 차례 반복되는 패턴이 있다는 것이 밝혀졌다. 저절로는 생길 수 없는 그 소수 염기 서열에 착안하여 누군가가 암호를 풀 수 있는 방법을 알아냈다. 암호 해독으로 내용이 밝혀졌다. 크릭슨 교수가 세상에 대고 재채기한, 영어로 된 완전한 메시지를 읽는 것은 간단한 일이었다.

지구상의 모든 생명체가 공통으로 지니고 있는 유전 체계의 핵심은 디지털 방식이다. 인간의 유전체 안에는 정상적인 상태에서는 신체가 사용하지 않는 DNA가 있다. 이 '쓰레기' DNA로 채워진 부분에 신약 성서 전권을 모두 정확하게 다 적어 넣을 수 있다. 우리 몸에 있는 모든 세포는 엄청난 길이인 46개 데이터 테이프에 해당하는 것을 가지고 있다(46개의 염색체를 말함.—옮긴이). 그것들은 동시에 작동하는 수많은 헤드에 의해 디지털 문자를 풀어내고 있다. 모든 세포가 이 테이프(염색체)들에 똑같은 정보를 담고 있다. 그러나 세포마다 각자의 전문적인 기능에 따라 데이터베이스의 다른 부위를 읽는다. 근세포는 간세포와 다르다. 영혼이 인도하는 생명력이 약동하고 솟구치고 움트는 신비스러운 원형질 젤리 따위는 없다. 생명이란 단지 디지털 정보의 바이트들과 바이트들이다.

유전자는 의미의 변화나 퇴화 없이 암호화하고 기록하고 해석할 수 있는 순수한 정보다. 순수한 정보는 복제될 수 있다. 디지털 정보이기 때문에 복제의 충실도도 대단히 높다. DNA 문자는 오늘날의 공학자들이 개발한 어떤 것과도 맞먹을 수 있는 정확도로 복제된다. 세대를 거치며 복제되면서 이따금씩 실수를 하며 다양성이 생겨난다. 그 중 암호를 해석해 지시를 이행했을 때, 담겨 있는 DNA 메시지를 보존하고 증식시키기 위해 신체를 움직이게 만드는 유전자가 다른 것보다 숫자가 많아진다. 모든 생명체는 그 디지털 데이터베이스를 번식시키도록 프로그램된 생존 기계다.

디지털 데이터베이스가 그 프로그램을 만들었다. 오늘날의 다윈주의란 '순수한 디지털 암호의 수준에서 살아남은 자의 생존'이라고 이해할 수 있다.

　　나중에 안 사실이지만 그밖에는 대안이 있을 수 없었다. 아날로그 방식의 유전 체계를 상상할 수도 있다. 하지만 우리는 이미 앞에서 아날로그 정보를 여러 세대에 걸쳐 복제하면 어떤 일이 벌어지는지를 보았다. 그것은 귓속말 이어 가기 놀이와 같다. 승압을 해야 하는 전화 시스템, 복제된 테이프, 복사한 사진을 다시 복사한 것 등 아날로그 신호는 누적되는 에러로 인해 쉽게 일그러지기 때문에 제한된 몇 세대 안에서만 복제를 지속할 수 있다. 반면에 유전자는 수천만 세대 동안 스스로 복제할 수 있고, 전혀 퇴락하지 않는다. 자연선택이 제거하거나 보존할 불연속적인 돌연변이는 예외로 하고, 오로지 복제 과정이 완벽하다는 이유 하나 때문에 다윈주의가 효력을 발휘할 수 있다. 디지털 방식의 유전 체계만이 영겁의 지질학적 시간 속에서 다윈주의를 지탱할 수 있었다. 이중 나선의 해인 1953년은 생명에 관한 신비주의적이고 무지몽매한 관점이 종말을 고한 해다. 뿐만 아니라 다윈주의자들에게는 그들의 주제가 디지털 시대로 접어든 해로 볼 수 있다.

지질 시대를 관통하여 도도하게 흘러 30억 개의 지류로 갈라진 순수한 디지털 정보의 강은 그 비유가 매우 강하다. 그러나 거기 어디에 우리와 친숙한 생명체의 모습이 있는가? 거기 어디에 몸뚱이와 손과 발, 눈과 뇌와 구레나룻이 있는가? 어디에 잎과 줄기와 뿌리가 있는가? 거기 어디에 우리와 우리 몸의 일부가 있는가? 우리(동물, 식물, 원생생물, 균류, 세균)는 단지 디지털 데이터의 지류가 흐르는 강둑에 불과한가? 어떤 면에서는 그렇다. 그러나 내가 말하려는 것은 그 이상이다. 유전자는 세대를 거치면서 자신의 복제품만 만들지는 않는다. 그것들은 사실상 신체 안에서 대부분의 시간을 보내고, 자신이 들어가 있는 신체의 행동과 형태에 영향을 미친다. 그래서 신체도 역시 중요하다.

북극곰의 신체가 디지털 시냇물의 양편 둑에 불과한 것은 아니다. 그것은 그 자체로도 매우 복잡하고 난해한 기계다. 북극곰의 전 개체군에 있는 모든 유전자는 하나의 집합이다. 그들은 훌륭한 동료로 세월 속에서 서로 부대낀다. 그러나 그것들은 집합의 다른 모든 동료와 줄곧 시간을 보내지는 않는다. 그들은 그 집합 안에서 파트너를 바꾼다. 그 집합은 장차 그 안에서 다른 유전자와 만날 가능성이 있는(그러나 지구상에 있는 다른 3000만 개의 집합 중의 어느 하나의 구성원과도 만날 가능성이 없는) 유전자들의 세트로 정의한다. 실제의 만남은 언제나 북극곰 신체의 세포 안에서 이루어진다. 신체는 DNA를 담는 수동적인 그릇이 아니다.

하나하나마다 완전한 유전자 한 세트를 담고 있는 세포들이 몸 안에 과연 몇 개나 있는가를 알게 되면 상상력이 휘청거린다. 커다란 수컷 곰 한 마리의 몸에는 900조 개의 세포가 있다. 북극곰 한 마리의 몸에서 나온 모든 세포를 한 줄로 죽 늘어놓으면 지구에서 달까지 갔다가 돌아오기에 충분한 길이다. 이들 세포는 200종류로 구분할 수 있다. 이러한 구분은 모든 포유류에 공통적으로 적용할 수 있다. 근세포, 신경 세포, 골세포, 피부 세포 등이 바로 그것이다. 이 세포들은 같은 종류끼리 한데 모여 조직을 형성한다. 근육 조직, 골조직 등이 그것이다. 서로 다른 형태의 세포들이어도 모든 형태의 세포를 만드는 데 필요한 유전 정보를 가지고 있다. 그러나 그 유전 정보 중에서 그 조직에 적합한 유전자만이 작동한다. 조직이 다르면 그것을 이루는 세포들의 모양과 크기가 달라진다. 더욱 흥미로운 것은 특정한 형태의 세포에서 작동하는 유전자는 그 세포들이 자기가 속한 조직 안에서 특정한 형태로 자라도록 유도한다는 사실이다. 뼈는 단단하고 딱딱한 조직으로 이루어진 불규칙한 덩어리가 아니다. 뼈는 특정한 형태를 갖고 있다. 보통 속이 빈 기다란 막대기 모양이다. 끝에 관절을 만들 볼과 소켓이 있으며, 가시나 돌기가 달린 것도 있다. 세포는 그 안에서 작동하는 유전자에 의해 프로그램되어서 마치 주변 세포와의 관계에서 자신이 어떤 위치인지 아는 것처럼 행동한다. 자신이 속한 조직이 귓불이나 심장 판막, 수정체나 괄약근 등의 형태가 되게 할 수도 있다.

북극곰과 같은 한 생명체의 복잡성은 여러 겹으로 이루어져 있다. 우선 몸 전체는 간이나 신장, 뼈와 같은 정교한 모양의 기관들이 복잡하게 얽힌 집합이다. 각각의 기관들은 특정한 조직들로 이루어진 복잡한 건조물이다. 그 조직들의 구성 단위는 세포다. 세포는 층을 이루지만 가끔 단단한 덩어리 형태로 뭉쳐 있기도 하다. 훨씬 더 작은 규모로 들어가면, 각각의 세포는 그 속에 구불구불하게 접힌 막으로 이루어진, 대단히 복잡한 내부 구조를 갖고 있다. 막과 그 사이에 있는 물은 복잡한 수많은 화학 반응이 일어나는 무대다. 임페리얼 케미컬 인더스트리(Imperial Chemical Industry, ICI)나 유니언 카바이드(Union Carbide)의 화학 공장 안에서는 서로 별개인 수백 개의 화학 반응이 이루어진다. 이들 화학 반응은 플라스크나 시험관 등에 의해 서로 섞이지 않는다. 살아 있는 세포 속에서 동시에 진행되는 화학 반응의 수도 그와 비슷하다. 세포 안에 있는 막은 어느 정도는 실험실에서 사용하는 유리 기구와 비슷한 기능을 한다. 하지만 그런 비유는 적당하지 못한데, 여기에는 두 가지 이유가 있다. 첫째, 많은 수의 화학 반응이 막과 막 사이에서 일어나지만, 그보다 더 많은 수의 화학 반응이 막 그 자체를 구성하는 물질 속에서 일어난다. 둘째, 서로 다른 반응이 섞이지 않도록 하는 방법으로 훨씬 중요한 것이 있다. 즉 각각의 반응이 거기에 맞는 특별한 효소에 의해 촉진된다는 것이다.

효소는 매우 커다란 분자다. 그것의 입체 구조는 화학 반응 속도를 높여 준다. 그 방식은 반응이 쉽게 일어날 수 있는 표면을 제공하는 것이다. 생체 분자에 중요한 것은 그것들의 입체 구조이므로, 효소를 커다란 공작 기계로 간주할 수 있다. 그것들은 특정한 형태의 분자를 만드는 생산 라인을 구성하기 위해 조심스럽게 작동한다. 모든 세포는 여러 가지 효소 분자의 표면에서 각기 구분되어 동시에 이루어지는 수백 가지의 화학 반응을 갖고 있다고 말할 수 있다. 어떤 세포에서 특정한 화학 반응이 일어날지의 여부는 반응에 맞는 특정한 효소가 많이 있는가 없는가에 달려 있다. 각각의 효소 분자는 특정한 유전자의 지배 아래 만들어진다. 더 정확히 말하자면, 유전자 안에 정교하게 배열된 수백 개의 암호 문자가, 일단의 규칙들에 따라 효소 분자의 아미노산 배열 순서를 결정한다. 모든 효소 분자는 아미노산들로 이루어진 긴 사슬이다. 이 사슬은 자동으로 꼬이고 접혀서 사슬의 한 부분이 다른 부분과 교차 결합을 형성하여 매듭과 같은 단일하고 특정한 입체 구조를 형성한다. 매듭의 정확한 3차원 구조는 1차원적인 아미노산 배열 순서에 의해 결정된다. 그것은 유전자 안에 들어 있는 암호 문자의 1차원적 배열 순서에 의해 결정되는 셈이다. 그러므로 세포 안에서 어떤 화학 반응이 일어날지의 여부는 그에 해당하는 유전자에 스위치가 켜지는지 안 켜지는지에 따라 결정된다.

그렇다면 특정 세포 안에서 어떤 유전자에 스위치가 켜질지를 결정하는 것은 무엇인가? 그것은 세포 안에 이미 존재하는 화학 물질이다. 닭이냐 달걀이냐 하는 역설이 있지만 극복할 수 없는 것은 아니다. 그 역설에 대한 해답은 복잡하지만 자세히 들여다보면 원리는 사실 매우 단순하다. 그것은 컴퓨터에서 사용하는 부트스트랩(bootstrap, 예비 명령에 의해 프로그램을 로드하는 방법 — 옮긴이)과 같다. 내가 처음 컴퓨터를 사용하기 시작한 1960년대에는 모든 프로그램을 구멍이 송송 뚫린 천공(穿孔) 테이프를 통해 로드해야만 했다(같은 시기에 미국의 컴퓨터는 천공 카드를 사용했지만 원리는 같다.). 실제 작업에 필요한 프로그램이 담긴 긴 테이프를 로드하기에 앞서 부트스트랩 로더라는 작은 프로그램을 먼저 로드해야만 했다. 부트스트랩 로더는 딱 한 가지 일을 하는 프로그램이다. 즉 컴퓨터에게 다른 천공 테이프를 로드하는 방법을 가르쳐 주는 일이다. 그런데 여기에도 닭이냐 달걀이냐 하는 역설이 있다. 부트스트랩 로더가 담긴 테이프 자체는 어떻게 로드해야 하는가 말이다. 오늘날의 컴퓨터에서는 부트스트랩 로더에 해당하는 것이 기계에 미리 들어가 있다. 옛날에는 정해진 절차에 따라 스위치를 켜는 것으로 시작해야만 했다. 이 절차는 컴퓨터에게 부트스트랩 로더 테이프의 첫 부분을 어떻게 읽을 것인지를 가르쳐 주는 것이다. 그런 다음 부트스트랩 로더 테이프의 첫 부분은 그 다음에 나오는 테이프 일부를 어떻게 읽어야 하는지를 가르쳐 주고, 그 다음 부분은 나머지 다음 부분을 어떻게 읽을지 가르쳐 준다. 부트스트랩 로더 전체가 컴퓨터 속으로 빨려 들어가면 컴퓨터는 어떤 천공 테이프든 읽을 수 있게 된다. 그제서야 쓸모 있는 컴퓨터가 되는 것이다.

배(胚) 발생은 하나의 세포, 즉 수정란이 둘로 갈라지는 것으로 시작한다. 2개의 세포가 갈라져 4개가 되고, 4개가 갈라져 8개가 되는 식으로 계속 분열한다. 세포의 수는 지수함수적으로 증가하므로 1조 개의 세포가 만들어지기까지는 수십 세대 정도밖에 걸리지 않는다. 발생 과정에서 일어나는 일이 이것이 전부라면 그 1조 개의 세포는 모두 같을 것이다. 그렇다면 그것들이 어떻게 간세포, 신장 세포, 근세포 등으로 (학술적인 용어를 쓰자면) 분화할 수 있을까? 또 각기 다른 유전자가 작동하여 다른 효소가 활성화될 수 있을까? 그것은 일종의 부트스트랩에 의해 다음과 같은 식으로 이루어진다. 난자는 겉보기에는 아무런 표시가 없는 공처럼 보이지만 사실 그 내부는 극성을 나타낸다. 다시 말해서 위와 아래가 있으며, 앞과 뒤(따라서 왼쪽, 오른쪽도)도 있다. 이러한 극성은 난자 내부의 화합물들의 농도 차이 때문에 생긴다. 어떤 화합물은 앞에서 뒤로 갈수록 꾸준히 증가하고, 어떤 것은 위에서 아래로 가면서 증가한다. 발생 초기의 이러한 농도 증가는 상당히 단순하다. 그러나 부트스트랩 작용의 첫 단계를 시작하기에는 충분하다.

가령 난자가 5번 분열한 후 32개의 세포가 되었을 때 이것들 중 일부는 난자의 위쪽에 있던 화합물을 더 많이 갖게 될 것이고, 또 어떤 것은 바닥에 있던 화합물을 더 많이 갖게 될 것이다. 그 세포들이 갖게 된 화합물 중 난자의 앞뒤로 농도 차이가 나던 화합물들도 역시 불균형을 이룰 것이다. 이러한 화합물의 차이는 세포들마다 서로 다른 유전자를 작동시키기에 충분하다. 따라서 배 발생 초기에, 서로 다른 부위의 세포에는 서로 다른 효소가 생길 것이다. 그리고 그 후의 배 발생 과정에서도 세포마다 작동하는 유전자들의 차이가 더 커질 것임을 예견할 수 있다. 배 발생 중의 세포는 자신의 복제 조상과 똑같은 상태로 남아 있는 것이 아니라 분화한다.

이러한 분화는 앞에서 논했던 종의 분화와는 전혀 다르다. 종의 분화가 지질학적 사건에 의한 우연한 결과이고 예측할 수 없는 것인 데 반해, 세포의 분화는 프로그램된 것이며 세부적으로 예측할 수 있다. 종이 분화할 때에는 그 유전자 자체도 갈라지기 때문에 그것을 조금 다르게 표현하여 '영원한 이별'이라고 했다. 하나의 배 안에서 세포들의 계보가 분화할 때에는 분열한 두 세포는 똑같은 유전자, 즉 유전자 전부를 갖는다. 그러나 세포마다 다른 화합물 조성을 갖게 된다. 이것이 세포마다 다른 유전자를 작동시킨다. 어떤 유전자는 다른 유전자를 작동시키거나 억제한다. 온갖 종류의 세포들이 다 만들어질 때까지 부트스트랩은 계속된다.

발생 중인 배는 단지 200가지 형태의 세포들로 분화하기만 하는 것이 아니다. 발생 중인 배의 외부 형태와 내부 형태는 우아하면서도 활동적이다. 이러한 변화 중 가장 극적인 것은 발생 초기의 낭배기(gastrulation)라고 알려진 과정일 것이다. 저명한 발생학자 루이스 울퍼트(Lewis Wolpert)는 지금까지도 "사람의 일생 중에서 정말로 가장 중요한 시기는 출생도 아니고, 결혼도 아니고, 죽음도 아니다. 그것은 낭배기다."라고 말한다. 낭배기에는 한 겹의 세포들로 이루어진, 속이 빈 공 모양의 배(포배)가 한 쪽이 찌그러져 들어가서 안쪽과 바깥, 두 개의 층이 있는 컵의 형태가 된다. 동물계 전체는 배 발생 과정에서 이러한 낭배기 과정을 필수로 겪는다(사실 중생동물과 해면동물은 제외된다.—옮긴이). 그것은 배 발생 과정의 다양성을 보장하는 단일한 기초다. 여기서 나는 발생 과정 중에 자주 볼 수 있는, 전체 세포층이 쉴 새 없이 만입(彎入)하면서 움직이는 것의 특별히 극적인 한 예로 낭배기를 거론했을 뿐이다.

이 장엄한 공연이 끝난 후, 즉 말려 들어갔다가는 밀려 나오고, 불거졌다가는 쭉쭉 넓어지는 일을 수없이 되풀이한 후에, 배의 각 부위가 대단히 동적이면서도 잘 통제되어 차별적으로 성장한 뒤에 화학적·생리적으로 다른 수백 개의 세포들이 분화한 끝에, 그리고 그런 세포 수가 수조에 달한 뒤에 태어난 최종 산물이 바로 아기다. 아니, 아기가 태어나는 것으로 끝난 것이 아니다. 왜냐하면 아기가 자라 성년이 되고, 성년을 지나 노년에 이르는 개체의 성장 과정 전체(여기서 또다시 어떤 부위는 다른 부위보다 빠르게 자란다.)를 발생 과정으로 보아야 하기 때문이다. 이것을 전체 발생학(total embryology)이라 한다.

개체 간의 차이는 발생 과정의 양적인 면에서 조금씩 차이가 나기 때문에 생긴다. 어떤 세포층이 말리기 전에 조금 더 넓게 성장했다면 그 결과는 들창코가 아니라 매부리코가 된다. 또는 평발이 될 수도 있다. 그것이 현역 입대에서 제외되는 사유가 되어 생명을 구할 수도 있다. 또는 어깨선을 특정한 형태로 변화시켜 창(상황에 따라 수류탄이나 크리켓 공)을 잘 던지게 할 수도 있다. 세포층의 만입 운동에서 생기는 개체 간의 변화는, 손이 없이 짧은 팔을 가진 기형의 아기가 태어날 때처럼 가끔 비극적인 결과를 초래하기도 한다. 세포층의 만입 운동에서 나타나는 것이 아니라 순수하게 화학적으로 나타나는 개인차도 그 결과는 마찬가지로 중요하다. 그것들은 우유를 소화시키지 못하는 성질일 수도 있고, 동성 연애에 대한 선호일 수도 있으며, 땅콩 알레르기나 망고를 불쾌한 테레빈유 맛으로 느끼는 성질일 수도 있다.

배의 발생은 매우 복잡한 생리적·화학적 작업이다. 그 과정의 어느 한순간에라도 미세한 변화가 생기면 돌이킬 수 없는 뚜렷한 결과를 초래하며, 그 이후 발생 과정에도 줄곧 영향을 미친다. 발생 과정들이 서로 얼마나 겹겹이 부트스트랩되어 있는지를 생각한다면 그것은 놀랄 만한 일이 못 된다. 개체가 발생하는 과정에서 생기는 많은 차이는 산소의 결핍이라든지 탈리도마이드(수면제)에 노출되는 것 등의 환경의 차이에서 기인한다. 그밖의 다른 많은 차이점은 유전자의 차이 때문에 생긴다. 여기서 말하는 유전자는 따로 떼어 낸 유전자가 아니라 다른 유전자나 환경의 차이와 상호 작용하는 유전자다. 복잡하고 변화무쌍하고, 서로 뒤엉켜서 부트스트랩되어 있는 배 발생 과정은 견고하면서도 민감하다. 그것은 때때로 불가항력적으로 보이는 불리한 조건에서도 살아 있는 아기를 만들기 위해 수많은 잠재적인 변화에 대항해 싸우기 때문에 견고하다. 동시에 문자 그대로 모든 면에서 동일한 사람은 한 쌍도 없기 때문에(심지어 일란성 쌍둥이조차도) 그것은 변화에 민감하다.

이제 지금까지 이야기한 내용의 요점을 말할 때가 된 것 같다. 개인 간에 생기는 차이는(그 차이는 클 수도 있고 작을 수도 있다.) 어느 정도는 유전자 때문이다. 배 발생 과정의 만입 운동이나 생리적인 면에서 생긴 어떤 변화에 자연선택이 유리하게 작용할 수 있고, 또 다른 어떤 변화에는 불리하게 작용할 수도 있다. 팔로 무언가를 집어던지는 능력에 유전자가 영향을 미치는 정도만큼 자연선택이 그것에 유리하게 작용할 수도, 불리하게 작용할 수도 있다. 어떤 개체가 자손을 남길 수 있을 정도로 충분히 오래 살아남도록 하는 데, 물건 던지는 능력이 미미하지만 어떤 영향을 미칠 수 있다고 가정하자. 그리고 어떤 유전자가 '물건 던지는 능력'에 영향을 미친다면, 그 영향력의 크기에 비례해서 유전자가 다음 세대로 전해질 가능성은 커질 것이다. 누구든지 물건 던지는 능력과는 아무런 관계가 없는 다른 이유 때문에 죽을 수 있다. 그러나 없을 때보다 있을 때, 개체의 '물건 던지는 능력'을 향상시키는 경향이 있는 유전자는 여러 세대 동안 다수의 신체 속에(훌륭하든 빈약하든 간에) 들어 있을 것이다. 그 특정한 유전자의 관점에서 보면 다른 사망 원인이 그 효과를 상쇄해 버리는 것이다. 그 유전자가 내다보는 시야에는 수많은 세대를 거쳐 흘러 내려가는 DNA 강만이, 잠시 거처하는 특정한 신체만이, 또 신체를 잠시 공유하는 성공적일 수도, 아닐 수도 있는 동료 유전자만이 있을 뿐이다.

장기적으로 보면 그 강은 자신이 지닌 여러 가지 이유로 잘 살아남을 수 있을 유전자들로 가득 차게 된다. 그러한 이유에는 창을 조금이라도 더 잘 던질 수 있는 능력, 맛을 보고 독인지 아닌지를 구별해 내는 능력 등 여러 가지가 있을 수 있다. 자기가 들어 있는 신체에서 난시를 유발해 창을 잘 던지지 못하게 한다든지, 성적인 매력을 감소시켜서 짝짓기에 성공할 가능성을 줄인다든지 해서 일반적으로 살아남는 데 유리하도록 만들지 못하는 유전자들은 유전자 강에서 사라지게 될 것이다. 이제 우리가 살펴봤던 요점을 다시 한번 기억해 보자. 유전자 강에서 살아남는 유전자는 그 종의 평균적인 환경에서 살아남는 데 능숙한 유전자들이다. 그리고 이 평균적인 환경에서 가장 중요한 것은 아마 그 종이 가진 다른 유전자들일 것이다. 유전자는 어쩔 수 없이 다른 유전자들과 신체를 공유해야만 한다. 그 다른 유전자들은 지질학적 시간을 거치며 같은 강 안에서 헤엄치고 있는 유전자들이다.

어떤 사람들은 과학이 일종의 기원 신화에 불과하다고 생각한다. 유대 인들에게는 아담과 이브가 있다. 사마리아 사람들에게는 마르두크(Marduk)와 길가메시(Gilgamesh)가 있다. 그리스 사람들에게는 제우스와 올림포스 산의 신들이 있다. 노르웨이 사람들에게는 발할라(Valhalla)가 있다. 몇몇 영리한 사람들은 현대의 신이자 영웅인 진화 역시 더 나은 것도 더 나쁜 것도 아니며, 진실에 더 가깝지도 더 밀지도 않은 게 아니냐고 묻는다. 문화상대주의라는 철학 사조가 있다. 문화상대주의의 극단적인 형태로 과학이 민족 고유의 신화와 비교해 진실에 더 가깝다고 주장할 수 없다는 생각이 있다. 과학은 단지 현대 서구인이 좋아하는 신화에 불과하다는 것이다.

언젠가 한번은 문화인류학을 전공하는 동료가 그 문제를 극명하게 설명한 적이 있는데, 그 내용은 다음과 같다. 달은 오래전에 하늘로 던져 올린 박이고, 나무 꼭대기에서 손을 뻗어 닿을 수 있는 곳보다 조금 더 먼 곳에 달려 있다고 믿는 어떤 종족이 있다고 가정하자. 달은 지구로부터 40만 킬로미터 떨어져 있고, 지름이 지구의 4분의 1이라는, 우리가 알고 있는 과학적 진실이 달을 박이라고 믿는 그 종족의 신화보다 더 진실에 가까운 것은 아니라고 정말로 주장할 수 있을까? 그 문화인류학자는 "그렇다."라고 대답한다. 계속해서 그는 다음과 같이 말한다. "우리는 단지 세계를 과학적인 방법으로 이해하는 문화 속에서 성장해 온 것뿐이다. 그들은 세계를 다른 방식으로 이해하도록 교육받아 왔다. 어느 쪽도 다른 쪽에 비해 더 진실에 가깝다고는 할 수 없다."

　　문화상대론자만 한 위선자도 드물다. 비행기는 과학적인 작동 원리에 따라 제작된다. 그것은 하늘 높이 떠서 사람들을 목적지까지 데려다 준다. 가령 정글을 청소하다 주운 부품으로 만든 엉터리 비행기나 이카로스(Icaros)의 밀랍으로 붙인 날개 따위의, 종족 고유의 생각이나 신화에 등장하는 대로 만든 비행기를 제대로 된 비행기라고 말할 수 있을까?● 만약 문화인류학자들이나 문학 비평가들이 모이는 국제 회의에 참석하기 위해 비행기를 탄다고 하자. 비행기가 추락하지 않고 목적지까지 갈 수 있는 이유는 서양 과학 기술에 의해 훈련된 많은 공학자들이 그들의 연구 성과를 바르게 사용했기 때문이다. 달이 지구에서 40만 킬로미터 떨어진 곳에서 궤도를 돌고 있다는 사실에 대한 훌륭한 증거는, 서양 과학이 서양에서 설계한 컴퓨터와 로켓을 이용하여 마침내 달 표면에 사람을 내려놓는 데 성공했다는 것이다. 달이 나무 꼭대기 바로 위에 있다고 믿는 부족 고유의 과학은, 꿈에서가 아니고는 달을 결코 만지지 못할 것이다.

대중 강연을 할 때 청중 가운데에는 문화인류학자인 내 동료와 같은 생각을 가진 사람이 반드시 끼어 있다. 그러나 대개 강의 끝 무렵에는 내 의견에 동의해 고개를 끄덕이거나 중얼거리고는 했다. 고개를 끄덕인 그 사람이 훌륭하고 진보적이며 인종에 대한

● 재론의 여지가 없는 이 주장은 여기서 처음 이야기하는 것이 아니다. 그 주장은 달을 박이라고 믿는 내 동료와 같은 사람들만을 한정해 겨냥한 것임을 강조해야겠다. 혼란스럽게도 그들과 완전히 다른 견해를 갖고 있고, 완벽한 사리 분별 능력을 갖고 있으면서도 자신을 문화상대론자라고 부르는 사람들이 있다. 그들에게 문화상대주의란 자기가 타고난 문화의 견해로 다른 문화의 어떤 믿음을 해석하려 하면 그 문화를 제대로 이해할 수 없다는 생각을 의미한다. 어떤 문화의 믿음은 그 문화의 다른 믿음을 바탕으로 이해해야 한다는 것이다. 나는 이 분별 있는 생각이 문화상대주의의 원형이라고 생각한다. 내가 비판한 문화상대주의는 극단적이고 왜곡된 형태라고 생각한다.

편견을 갖고 있지 않은 사람으로 느껴졌음은 물론이다. 그런데 고개를 끄덕이게 하는 훨씬 더 확실한 말은 "근본적으로 진화에 대한 당신의 믿음은 신념으로 귀착된다. 따라서 그것은 다른 사람의 에덴 동산에 대한 믿음보다 더 나을 것이 없다."이다.

모든 종족은 고유의 기원 신화를 갖고 있다. 그것은 우주와 생명, 그리고 인간의 기원을 설명한다. 과학이 현대 사회에서 교육받은 사람들에게 신화와 동등한 어떤 것을 제공한 것에 불과하다는 주장도 사실 일리는 있다. 과학은 일종의 종교라고 말할 수도 있다. 나는 종교 교육 수업에 적합한 주제를 가지고 과학에 관한 간단한 글을 쓴 적이 있다. 그것은 완전히 허튼소리는 아니었다.● 서로 화합할 수 없는 종교들이 너무 많다. 학교에서 특정한 종교를 택해 가르칠 경우, 다른 종교 집단들이 격렬하게 반발할 것이기 때문에 미국에서는 종교 교육이 금지되어 있다. 그러나 영국에서는 종교 교육이 학교 커리큘럼의 필수 과정이다. 과학과 종교는 둘 다 우주와 자연, 생명의 기원에 관한 심오한 질문에 답한다는 공통점이 있다. 그러나 공통점은 그것뿐이다. 과학적 신념은 증거에 의

● 《더 스펙테이터(*The Spectator*)》(런던), 1994년 8월 6일자.

해 지탱되며 어떤 결과를 낸다. 신화와 미신은 증거에 의해 지탱되지 않으며 결과를 내놓지 않는다.

모든 기원 신화 가운데, 에덴 동산이라는 유대 인의 이야기가 서양 문화에 너무 깊이 배어 있다. 그리고 그 신화는 인류의 조상에 관한 중요한 과학 이론에 이름을 빌려 주었다. 그것이 바로 인류의 아프리카 기원설인 '아프리카 이브'다. 나는 이 장의 일부를 아프리카 이브에 관한 이야기에 할애할 작정이다. 그 이야기는 DNA 강이라는 비유를 발전시키는 데 도움이 될 것이다. 또한 그녀를 통해 에덴 동산의 전설적인 여자 가장과 과학적 가설을 대비시킬 수 있을 것이다. 내가 만약 그 일에 성공한다면 독자들은 과학에서 신화보다 더 흥미롭고, 훨씬 더 시적인 감동을 얻을 수도 있다는 사실을 발견할 것이다. 우선 순수한 추론만으로 시작하자. 그렇게 시작하는 이유는 곧 알게 될 것이다.

사람들은 누구나 두 명의 부모와 네 명의 조부모, 여덟 명의 증조부모가 있다. 세대를 하나씩 거슬러 올라갈 때마다 조상의 수는 두 배가 된다. g세대만큼 거슬러 올라가면 조상의 수는 2를 g번 곱한 것, 즉 2의 g제곱이 된다. 그러나 이론적인 귀결을 제외하면, 탁상공론을 하지 않더라도 그렇게 될 리가 없다는 것을 금방 알 수 있다. 이 점을 확실히 하기 위해서는 조금만 거슬러 올라가면 된다. 약 2,000년 전, 예수의 시대로 가 보자. 어림잡아 1세기에 4세대가 지나간다고 가정하면(사람들이 평균적으로 25세 전후에 아이를 낳는다고 하면) 2,000년이라는 기간 안에는 단지 80세대밖에 들어가지 않는다. 실제는 이보다 조금 더 많을 것이다(최근까지도 많은 여성들이 아주 어린 나이에 아이를 낳았다.). 그러나 이것은 어디까지나 이론이고, 요점은 그러한 세부적인 것과는 무관하다. 2를 80번 곱한 것은 어마어마한 숫자다. 1 뒤에 0이 24개가 붙는, 1조의 1조라는 숫자다. 독자들에게는 예수와 동시대 인물인 조상이 1조의 1조 명만큼 있었다. 나도 마찬가지다. 그러나 당시의 세계 인구는 방금 계산한 숫자와 비교하면 거의 무시할 수 있을 정도로 적었다.

확실히 어딘가에서 잘못되었다. 그러나 그게 어디란 말인가? 계산은 바르게 했다. 우리가 틀린 곳은 매세대마다 조상의 수가 두 배로 늘어난다고 가정한 것뿐이다. 그 결과 우리는 사촌끼리도 결혼한다는 사실을 잊어버렸다. 나는 우리 모두가 8명의 증조부모를 갖고 있다고 가정했다. 그러나 사촌끼리 결혼해서 자식을 낳으면 그에게는 단지 6명의 증조부모가 있을 뿐이다. 왜냐하면 그 사촌의 공통 조부모는 그 증손자에게 이르는 길이 두 갈래가 있기 때문이다. 독자는 "그래서 어쨌다는 말인가?"라고 물어 볼 것이다. 사람들은 가끔 사촌과 결혼한다(찰스 다윈과 결혼한 엠마 웨지우드(Emma Wedgewood)는 그의 사촌이었다.). 하지만 그 때문에 계산한 것과 차이가 생길 정도로 그런 혼인이 자주 일어나는 것은 아니지 않는가? 자주 일어난다. 왜냐하면 여기서 말하는 '사촌'은 진짜 사촌뿐 아니라 육촌, 팔촌 등을 다 포함하는 말이기 때문이다. 사촌의 범위를 넓게 잡으면 잡을수록, 모든 결혼은 사촌 간의 결혼이 된다. (도킨스는 '사촌'의 의미를 '친척'으로 확장해서 설명하고 있다.—옮긴이) 사람들이 자기는 여왕과 먼 사촌 간이라고 자랑하는 소리를 가끔 들을 수 있다. 그러나 그것은 별로 자랑거리가 되지 못한다. 왜냐하면 우리 모두가 여왕과 먼 사촌 간이기 때문이다. 계보를 추적하기가 쉽지 않겠지만 넓게 보면 모든 사람과 사촌 간이다. 왕족과 귀족으로 불리는 사람들이 특별한 단 한 가지는 그들의 계보가 다른 사람보다 더 확실하다는 것이다. 홈(Home) 가의 얼(Earl) 14세는 자신의 정적이 자기 이름을 가지고 조롱했을 때 다음과 같이 응수했다. "윌슨 씨, 당신이 그렇게 생각하지만, 나는 당신 역시 윌슨 14세라고 생각합니다."

우리 모두는 보통 생각하는 것보다도 훨씬 가까운 사촌 간이다. 이것은 단순한 계산으로 산출되는 수보다도 훨씬 적은 조상을 갖고 있다는 의미다. 언젠가 한 학생에게, 이런 방법으로 조상을 추적해 보라고 한 적이 있다. 나와 그 학생의 가장 최근의 공통 조상이 얼마나 오래전에 살고 있었는지를. 그 학생은 내 얼굴을 빤히 쳐다보더니 어눌하게, 그러나 주저없이 "원숭이 시절이요."라고 대답했다. 용서할 수 있는 직관의 비약이었지만 틀린 말이다. 그 말은 그 학생과 나의 공통 조상이 수백만 년 전에 살았다고 추측한 것이다. 진실을 말하자면, 그 학생과 나의 가장 최근의 공통 조상은 기껏해야 수백 년 전, 아마 정복자 윌리엄 이후 시대에 살았을 것이다. 연결 고리가 복잡하기는 하지만 우리는 확실히 사촌 간이다.

조상의 수가 늘어나기만 하는 우리의 잘못된 모델은 계속 가지가 갈라지는 일종의 무한 분지 계통수(系統樹)다. 그것을 뒤집은 자손에 관한 모델 역시 똑같이 잘못된 것이다. 어떤 사람이 2명의 자식과 4명의 손자와 8명의 증손자를 갖는다는 식이다. 그래서 몇 세기 만에 자손의 수가 거의 1조에 가깝게 불어난다는 모델이다. 자손이나 조상에 관한 훨씬 더 실제적인 모델은 1장에서 소개했던 '유전자 강'이다. 유전자는 둑을 넘어서지 않으면서 시간을 관통하며 흐르는 항상 넘실거리는 강물이다. 유전자가 시간의 강을 따라 내려가면서 그 흐름은 소용돌이로 갈라졌다가 다시 모이고 또 교차하고는 한다. 강의 흐름을 따라 내려가다가 어느 한 지점에서 적당한 간격을 두고 한 양동이씩 물을 퍼올려 보자. 양동이에 들어 있는 분자 쌍들은 강을 따라 내려오는 동안 어떤 간격을 두고 전에도 동료였을 것이다. 그리고 또 한 번 동료가 될 것이다. 과거에 멀리 떨어져 있었을 수도 있고, 또다시 멀리 갈라질 수도 있다. 그것들이 다시 만나는 지점을 추적하기란 매우 힘든 일이다. 하지만 수학적으로 계산해 그것들이 다시 만나리라는 것을 확신할 수는 있다. 두 유전자가 특정한 지점에서 접하고 있지 않다면 강을 따라 어느 방향으로 가든 그리 멀지 않은 곳에서 다시 만날 것이라는 사실은 수학적으로 확실하다.

어떤 사람이 자기가 남편과 사촌 간이라는 사실을 모를 수도 있다. 하지만 그의 족보와 자신의 족보를 거슬러 올라가면 두 계보가 접하는 지점은 그리 멀지 않은 곳에 있을 것이다. 이것은 확률적으로 가능성이 있는 이야기다. 방향을 바꾸어 미래로 갈 경우 어떤 사람이 그의 남편, 또는 아내의 가문과 다시 한 번 혼인 관계를 맺을 확률도 매우 크다. 이 점은 명백하다. 하지만 훨씬 더 인상적인 생각이 있다. 이번에는 내가 콘서트장이나 축구장의 수많은 군

중 속에 있다고 해 보자. 군중을 둘러보면서 다음과 같이 생각해 본다. 먼 미래에도 각 세대마다 내 자손이 한 명씩이라도 있어 내 대가 끊어지지 않고 이어진다면, 그 콘서트장에는 나와 그의 자손이 동일인일 사람이 틀림없이 있을 것이다. 어떤 아이의 조부모와 외조부모는 서로가 그 아이의 또 다른 할아버지, 할머니라는 사실을 대개는 안다. 그들이 개인적인 접촉을 하든 안 하든, 자손을 공유한다는 사실이 서로에게 어떤 친근감을 준다. 그들은 서로를 바라보며 다음과 같이 이야기할 수 있다. "그래, 나는 그 사람을 그리 좋아하지는 않아. 그러나 우리가 공유하는 손자의 몸속에서 그의 DNA와 내 DNA가 섞여 있어. 우리가 죽고 난 뒤에도 오랫동안 우리는 미래의 자손들을 공유할 것이라는 희망이 있어. 확실히 이 사실은 우리 사이에 어떤 결속력이 생기게 하는군." 하지만 내가 말하려는 요점은 이렇다. 만약 어떤 사람이 먼 미래에도 대가 끊이지 않고 자손을 갖는 축복을 받는다면, 그 콘서트장에 있는 완전한 낯선 사람들 중 일부는 아마 당신의 사돈일 것이다. 그 공연장을 둘러보면서, 남자든 여자든 그들 중 누가 나와 사돈일지, 또 아닐지를 상상해 볼 수 있다. 그리고 이 책을 읽고 있는 독자가 누구며 어떤 인종, 어떤 성별이든 내 사돈이 될 수 있다. 독자의 DNA는 내

것과 섞일 운명이다. 그러니 사돈, 우리 인사합시다!

　자, 이제 우리가 타임머신을 타고 과거로 여행한다고 상상해 보자. 그곳이 콜로세움의 군중 속일 수도 있고, 더 먼 과거로 가서 원시인들의 장이 서는 날일 수도 있으며, 아니면 훨씬 더 먼 과거일 수도 있다. 콘서트장에서 했던 것처럼 군중을 조사해 보자. 오래전에 죽은 이 사람들을 두 범주로, 딱 두 범주로 구분할 수 있음을 알게 될 것이다. 즉 조상과 조상이 아닌 사람으로 구분할 수 있다. 이것은 명백하다. 하지만 이제 우리는 놀랄 만한 진실과 마주치게 된다.

　타임머신이 충분히 먼 과거로 거슬러 올라가면, 거기서 만나는 사람들을 1995년에 살고 있는 모든 사람의 조상이거나, 1995년에 살고 있는 사람들 중 누구의 조상도 아닌 사람으로 구분할 수 있다. 중간은 없다. 타임머신을 내려서 마주치는 모든 사람은 미래의 모든 사람의 조상이거나, 미래의 어느 누구의 조상도 아니다. 이것은 기발한 생각이지만, 증명하는 것은 식은 죽 먹기다. 해야 할 일이라고는 상상 속의 타임머신을 아주 먼 과거, 이를테면 3억 5000만 년 전으로 보내는 것이다. 그때 나의 조상은 허파가 있고 지느러미가 달린 물고기였는데, 물에서 나와 양서류가 되려던 참이었다. 그 물고기가 나의 조상이라면, 그 물고기가 또한 독자의 조상이 아니라는 것은 상상하기 힘든 일이다. 만약 그 물고기가 독자의 조상이 아니라면 내가 유래한 계보와 독자가 유래한 계보가 교차한 적이 없었다고 할 수 있다. 즉 각자가 독자적인 경로를 통해 물고기로부터 양서류, 파충류, 포유류, 영장류 원숭이와 인류를 거쳐 마침내 너무 닮아서 서로 이야기할 수 있을 정도로, 그리고 성(性)이 다르면 결혼할 수 있을 정도로 비슷한 모습으로 진화해 왔다는 황당한 이야기가 된다. 나와 독자에게 진실인 것은 다른 모든 사람들에게도 진실이다.

충분히 먼 과거로 거슬러 올라가면, 우리가 마주치는 모든 개체는 우리 모두의 조상이거나 우리 중 어느 누구의 조상도 아닌 개체로 구분할 수 있다는 사실을 증명했다. 하지만 얼마나 먼 과거여야 충분히 먼 과거인가? 지느러미 달린 물고기 시절까지 거슬러 올라갈 필요는 없다. 그것은 극단적인 예다. 그러면 2005년에 살고 있는 모든 사람들의 조상인 한 사람을 만나려면 얼마나 먼 과거로 거슬러 올라가야 하는가? 이것은 무척 어려운 질문이다. 그리고 그것이야말로 지금부터 이야기하려는 주제다. 그 답이 탁상공론에서 나와서는 안 된다. 특정한 사실들이 밑바탕이 된 구체적이며 실제적인 정보와 측정값이 필요하다.

현대 통계학의 아버지일 뿐 아니라, 20세기의 가장 위대한 다윈의 계승자인 영국의 저명한 유전학자이자 수학자 로널드 피셔(Ronald A. Fisher) 경은 1930년에 다음과 같은 말을 했다.

> 지난 1,000년 동안을 제외하고, 인류 전체가 실제적으로 동일한 하나의 조상을 가질 수 없게 만든 것은 단지 다른 인종 간의 성적 교류를 막는 지리적인, 또는 그밖의 장벽이다. 같은 나라 사람들의 조상들도 500년 전에는 거의 다르지 않았다. 2,000년 전에는 인종 간의 차이라는 것이 멀리 떨어진 인종들 사이에만 있었다. 이들은 그야말로 극히 오래된 조상이다. 이렇게 아주 오랫동안 집단이 따로 떨어져 있었음에도 불구하고 혈통 분화가 거의 생기지 않은 것은 인류가 그 유일한 경우다.

강이라는 비유를 통해 보자. 피셔 경은 지리적으로 분리되지 않은 단일한 종족의 모든 구성원이 가진 유전자는 같은 강 안에서 흐르고 있다는 사실을 이용하고 있다. 그러나 피셔 경은 실제 계산에 이르러서는(서로 다른 인종들이 갈라지기 전인 500년 전, 2,000년 전) 이론에 근거한 추측을 할 수밖에 없었다. 그가 살던 시대에는 그에 합당한 증거가 없었다. 분자생물학의 혁명에 힘입어, 오늘날에는 주체할 수 없이 풍부한 자료가 있다. 카리스마 넘치는 아프리카 기원설이 나오게 된 것도 분자생물학의 공이다.

'디지털 신호의 강'이 지금까지 사용된 유일한 비유는 아니다. 개개인의 몸속에 들어 있는 DNA를 가정용 성경(출생, 사망, 혼인 등을 기록할 여백이 있는 큰 성경—옮긴이)에 비유하는 것도 그럴듯하다. 1장에서 이야기했듯이 DNA는 4개의 글자로 내용이 씌어 있는 매우 긴 조각이다. 그 글자들은 우리 조상의 것을 한 자 한 자 꼼꼼히 베낀 것이다. 조상들의 DNA 역시 아주 먼 조상의 것을 놀라운 수준의 정확도로 베낀 것이다. 그래서 여러 사람들이 보존하고 있는 DNA의 내용을 비교해서 그들의 혈연 관계를 재구성해 공통 조상을 추적할 수도 있다. 가령 노르웨이 사람과 오스트레일리아 원주민처럼 멀리 떨어진 사촌이라면 그들의 DNA가 분기한 시점이 아주 오래되었을 테고, 따라서 글자들이 많이 다를 것이다. 고전학자들은 성서의 여러 판본을 가지고 이런 종류의 연구를 한다. 그런데 불행하게도 DNA 문헌의 경우에는 뜻하지 않은 장애가 있다. 그것은 바로 성(性)이다.

성은 문헌 관리자를 괴롭히는 악몽이다. 성은 고대의 문헌을, 어쩌다 생기는 불가피한 실수를 제외하고 고스란히 남겨 두는 대신, 그것을 제멋대로, 그리고 정력적으로 헤집어 증거를 파괴해 버린다. 중국인 상점에서 사정없이 행패를 부리는 불량배라 할지라도 성이 DNA 문헌에 부리는 행패만큼 심하게 하는 경우는 없을 것이다. 성서 연구에도 그와 같은 것은 없다. 솔직히 말한다면 구약 성서에 실린 「아가(雅歌)」의 기원을 추적하는 학자는 그것이 생각하는 것만큼 현재의 것과 비슷하지 않을 거라는 걸 알고 있다. 그 노래에는 기묘하게 해체된 구절들이 있다. 그 구절들은 여러 편의 시에서 떨어져 나온 조각들 중 연애시에 해당하는 부분만을 짜집기한 것이다. 거기에는 실수(돌연변이)가, 특히 번역 과정에서의 실수가 있다. 이를테면 「아가」 2장 15절 "여우 떼를 좀 잡아 주오. 꽃이 한창인 우리 포도원을 망가뜨리는 새끼 여우 떼를 좀 잡아 주오."(이 번역문은 『표준새번역 성경』의 번역을 따른 것이다. 저자는 『표준새번역 성경』의 원본인 『킹제임스 성경』의 "Take us the foxes, the little foxes, that spoil the vines: for our vines have tender grapes."를 인용했다. ─옮긴이)는 오역이다. 잘못 번역한 것이라도 일생 동안 암송하면 지울 수 없는 호소력을 갖는다. 그것을 제대로 번역한 "과일먹이박쥐(fruit bat)를 좀 잡아 주오."는 오역 문장과 같은 호소력을 갖지 못한다.

보라, 겨울이 가고, 장마가 끝났다.

꽃들이 대지에 피어난다.

새들이 노래하는 시절이 왔고,

거북이의 노래가 땅 위에 울려 퍼진다.

이 시는 너무 매혹적이기 때문에 누가 봐도 알 수 있는 실수를 지적해서 그 감흥을 망치기가 두렵다. 오늘날의 번역에서는 정확하게 거북(turtle)이 뒤에 비둘기(dove)를 재삽입한다(turtledove, 쇠멧비둘기의 노래가 된다.——옮긴이). 하지만 이것은 무의미하며, 운율을 망치는 일이다. 그러나 이런 것들은 인쇄기로 수천 장의 문서를 뽑아 내거나, 고성능 컴퓨터 디스크에 문서를 수록하는 것이 아니라, 귀하고 손상받기 쉬운 고문서를 일일이 손으로 베끼고 또 베끼다 보면 어쩔 수 없이 생기는 작은 실수다.

자, 이제 여기에 성을 도입해 보자(구약 성서 「아가」에 성을 도입한다는 뜻이 아니다.). 여기서 말하는 성이란 어떤 문서를 잘게 찢은 후 그 조각들 중에서 무작위로 절반가량을 고른 다음, 그것을 같은 방법으로 찢은 다른 문서와 상호 보완할 수 있도록 섞는 것을 의미한다. 믿지 못하겠지만(야만적으로 들리겠지만) 이것은 정확히 생식 세포가 만들어질 때면 언제나 일어나는 일이다. 어떤 남자가 정세포를 만들 때, 그가 아버지로부터 물려받은 염색체와 어머니로부터 물려받은 염색체로 이뤄진 염색체를 사용한다. 그 염색체 쌍은 어머니의 것과 아버지의 것이 뒤범벅되어 있다. 결국 태어나는 아이의 염색체는 조부모의 염색체가 뒤범벅되었기 때문에 원형 복원이 불가능하다. 더 먼 조상의 경우도 마찬가지다. 그렇지만 조상으로부터 물려받은 것 중에 글자 자체는 손상되지 않고 다음 세대로 넘어간다. 이 점은 아마 단어들도 마찬가지일 것이다. 그러나 장(章), 페이지, 그리고 문단은 갈기갈기 찢어진다. 그런 다음 무자비한 속도로 재구성되기 때문에, 과거를 추적하는 수단으로는 거의 쓸모가 없다. 조상의 역사를 알아보는 관점에서 보면 성은 커다란 장애물이다.

성을 안전하게 제거할 수만 있다면 DNA 문헌을 이용해 역사를 재구성할 수 있다. 두 가지 중요한 경우를 생각해 보자. 그 하나가 인류의 조상인 '아프리카 이브'를 추적하는 일인데, 지금부터 그 이야기를 할 작정이다. 다른 하나는 다른 종 사이의 관계를 관찰하는 것이 아니라 같은 종끼리의 관계를 관찰해 더 멀리 떨어진 조상을 재구성하는 것이다. 1장에서 살펴보았듯이, 성을 통한 DNA의 혼합은 같은 종 안에서만 일어난다. 모태가 되는 종이 새로운 종을 만들어 낼 때 유전자의 강은 두 갈래로 갈라진다. 그것들이 충분한 시간 동안 분화한 후에는, 각 유전자 강 안에서의 성적인 혼합은 유전자 고문서학자가 종 사이의 유연 관계와 조상을 재구성하는 데 방해가 되는 것이 아니라, 도움이 된다. 성이 증거를 뒤죽박죽으로 만들어 문제가 되는 경우는 단지 종 안에서의 유연 관계를 따질 때뿐이다. 다른 종 사이의 유연 관계를 추적할 때에는 성이 도움이 된다. 왜냐하면 성 덕분에 그 종의 모든 개체가 종 전체를 대표하는 훌륭한 유전자 표본이 되는 경향이 자연스럽게 강해지기 때문이다. 물 흐름이 잘 섞인 강에서는 어디에서 물을 떠도 문제가 되지 않는다. 그 물은 그 강 전체를 대표하는 물이기 때문이다.

　여러 종에서 뽑은 대표 개체들에서 DNA를 취하여 실제로 한 글자 한 글자 비교해 보았다. 그 작업은 매우 성공적이어서 여러 종의 가계도를 만들 수 있었다. 어떤 영향력 있는 학파의 견해에 따르면, 종이 분화된 연대를 밝히는 것도 가능하다고 한다. 그 작업은 논쟁의 여지가 있는 개념인 '분자시계'라는 것을 전제로 할 때 가능하다. 즉 유전자의 일정한 부위에서 100만 년을 단위로 돌연변이가 일정한 비율로 발생한다는 것을 전제해야 한다. 분자시계 가설에 대해 간단하게 알아보자.

우리가 가지고 있는 유전자 중에 시토크롬(cytochrome) c라는 단백질을 합성하는 정보를 담은 '문단'이 있다. 그 문단에는 339글자가 들어 있다. 먼 사촌격인 말과 사람은 그중 12글자가 다르다. 상당히 가까운 사이인 사람과 원숭이는 딱 한 글자만 다르다. 역시 상당히 가까운 사촌 관계인 말과 당나귀도 한 글자가 다르다. 약간 먼 사이인 말과 돼지는 3글자가 다르다. 사람과 효모는 45글자가 다르다. 돼지와 효모도 45글자가 다르다. 사람과 효모, 돼지와 효모에서 다른 글자 수가 같다는 사실은 놀랄 만한 일이 못 된다. 왜냐하면 사람이 유래한 강을 거슬러 올라가다 보면 돼지의 강을 제일 먼저 만나고, 그런 다음 이들의 강이 효모의 강과 합쳐질 것이기 때문이다. 말과 효모의 시토크롬 c 유전자 글자 차이는 45개가 아니고 46개다. 그러나 이것이 돼지가 말보다 효모와 더 가까운 사이라는 것을 의미하지는 않는다. 말과 돼지가 효모와 가까운 정도는 정확히 똑같다. 뿐만 아니라 모든 척추동물이 돼지나 말만큼 효모와 가깝고, 사실상 모든 동물이 말이나 돼지만큼 효모와 가깝다. 아마 돼지가 속해 있던 다소 최근의 조상에서 말이 갈라져 나오면서 사소한 변화가 생긴 것 같다. 그러나 그것은 중요하지 않다. 어떤 두 생물이 갖고 있는 시토크롬 c 유전자의 글자를 비교할 때, 거기서 발견할 수 있는 차이는 진화의 계통수가 갈라져 나온 방식에 대한 사전 지식을 근거로 예상했던 바와 상당히 가깝다.

이미 이야기한 바와 같이 분자시계 이론은 100만 년을 단위로 할 때, 어떤 유전자가 변화하는 속도가 대략 일정하다는 생각이다. 말과 효모의 시토크롬 c 유전자에서 차이가 나는 46글자 중에서, 대략 절반은 그들의 공통 조상에서 오늘날의 말이 진화하는 동안에 바뀐 것이고, 나머지 절반은 공통 조상에서 오늘날의 효모가 진화하는 동안에 바뀌었다고 추정한다(확실히 이 두 진화 경로가 완성되기까지 걸린 시간은 정확히 같다.). 언뜻 보기에 이러한 추정은 깜짝 놀랄 만한 것이다. 결국 공통 조상은 말보다는 효모를 훨씬 더 많이 닮았을 것임에 틀림없다. 이러한 불일치는 유전자의 내용에 영향을 주지 않고도 많은 글자들이 자유롭게 바뀔 수 있다는 생각으로 조정할 수 있다. 이 생각은 일본의 저명한 유전학자 기무라 모토오(木村資生)가 처음 주장한 이래 갈수록 지지를 얻고 있다.

인쇄할 문장에서 활자를 바꾸는 것은 훌륭한 비유가 될 수 있다. '말은 포유류다.', '효모는 균류다.'라는 문장이 있다고 하자. 모든 단어가 다른 서체로 인쇄되어 있어도 두 문장의 의미는 변하지 않는다. 수백만 년 동안 이처럼 의미 없는 서체의 변화만을 되풀이하는 것이 분자시계다. 자연선택의 영향을 받을 수 있는 변화, 그리고 말과 효모의 차이를 나타내는 변화(문자의 의미 변화)는 빙산의 일각처럼 적게 일어난다.

어떤 분자시계는 다른 것보다 더 빠른 속도를 나타낸다. 시토크롬 c는 2500만 년에 한 글자가 변하는 정도이므로 비교적 느린 편이다. 이것은 아마 시토크롬 c의 세부적인 형태가 개체의 생존에 영향을 미치기 때문일 것이다. 형태가 문제가 되는 그러한 분자들에서 일어나는 대부분의 변화는 자연선택이 용납하지 않는다. 피브리노펩타이드(fibrinopetide, 실 모양의 단백질—옮긴이)와 같은 단백질들은, 시토크롬 c만큼 중요하지만 형태와 기능이 큰 상관이 없다. 다양한 형태 변화에도 불구하고 전과 다름없는 제대로 된 기능을 수행한다. 피브리노펩타이드는 혈액 응고에 관여하는데, 피브리노펩타이드의 세부 사항을 대부분 바꿔도 혈액 응고 기능은 떨어지지 않는다. 이런 단백질들의 돌연변이 속도는 대략 60만 년에 한 글자 정도다. 이것은 시토크롬 c보다 40배나 빠른 속도다. 따라서 피브리노펩타이드는 최근의 조상, 가령 포유류에 속하는 조상을 추적하는 데는 유용할지 몰라도, 아주 오랜 조상을 추적하는 데는 좋은 도구가 못 된다. 단백질의 종류에는 수백 가지가 있다. 그것들은 제각기 독특한 변화 속도를 갖고 있고, 따라서 가계도를 구성하는 데 각자 독자적으로 사용될 수 있다. 그것들이 만드는 가계도들은 상당히 잘 일치한다. 이것은 진화론이 사실이라는 것을 입증하는 상당히 훌륭한 증거가 될 수 있다. 만약 증거가 필요하다면 말이다.

성을 통한 유전자 혼합이 역사적인 기록을 뒤죽박죽으로 만들어 버린다는 것에서부터 시작한 이야기가 여기에 이르렀다. 또 성의 영향을 받지 않는 두 가지 사실을 구별했다. 바로 조금 전까지 논하던 것이 그중 하나로, 성은 서로 다른 종 사이에서는 유전자를 섞지 않는다는 사실이다. 이 사실은 우리가 모름지기 인간이 되기 훨씬 전에 살고 있었던 조상들의 가계도를 DNA 염기 서열을 이용해 재구성할 수 있는 가능성을 열어 놓았다. 그러나 우리는 이미 그 정도의 먼 과거로 거슬러 올라가면 모든 인간의 조상이 되는 하나의 개체가 나온다는 사실에 동의했다. 이제 알고 싶은 것은 모든 인류의 조상이 되는 그 하나의 개체를 발견하려면 최소한 얼마나 거슬러 올라가야 하느냐 하는 것이다. 이것을 알려면 또 다른 종류의 DNA 증거로 논의의 방향을 돌려야 한다. 이제부터 아프리카 이브가 이야기에 등장한다.

아프리카 이브는 종종 '미토콘드리아 이브'라고도 부른다. 미토콘드리아는 우리 몸에 있는 세포 한 개마다 수천 개씩 우글거리는 마름모꼴의 작은 기관이다. 그 안에는 막으로 된 복잡한 구조가 있다. 이 내부 막의 표면적은 미토콘드리아를 겉으로 보고 판단하는 것보다 훨씬 크다. 내부 막은 미토콘드리아가 기능을 수행할 때 중요한 역할을 한다. 즉 이 막은 화학 공장, 좀 더 정확히 말하면 발전소의 생산 라인이다. 사람이 만든 어떤 화학 공장에서보다도 더 많은 단계를 거치는 연쇄 반응이 그 막을 따라 조심스럽게 통제된 상태에서 일어난다. 그 결과 조심스럽게 통제된 각 단계마다 영양 물질에서 유래한 에너지가 발생하는데, 이것은 나중에 필요한 곳에서 다시 사용할 수 있는 형태로 저장된다. 우리 몸에 미토콘드리아가 없다면 우리는 단 1초도 견디지 못하고 죽는다. 이것이 미토콘드리아가 하는 일이다. 그러나 지금 우리가 더 관심을 갖고 있는 것은 그것이 어디에서 유래했는가이다.

고대의 진화 역사에서 원래 그것들은 세균이었다. 이것은 애머스트에 있는 매사추세츠 대학교의 존경스러운 학자 린 마굴리스(Lynn Margulis)가 주장한 놀라운 이론이다. 이 이론은 처음에 이단적인 이론으로 여겨져 관심을 끌지 못했지만, 오늘날에는 거의 모든 생물학자들이 인정하는 성공적인 이론이다. 20억 년 전, 미토콘드리아의 먼 조상은 자유롭게 살아가던 세균이었다. 그것들은 여러 종류의 다른 세균과 함께 더 큰 세포 안에서 살게 되었다. 결과적으로 원핵생물인 세균의 공동체가 더 큰 진핵 세포가 된 것이다. 우리 각자는 상호 의존적인 100조 개의 진핵 세포가 모인 공동체다. 그 세포 하나하나는 또 특수하게 길들여진 수천 개의 세균으로 이루어진 공동체다. 그것들은 세포 안에 완전하게 갇혀 있고, 다른 세균들처럼 증식한다. 한 사람의 몸에 있는 미토콘드리아를 모두 꺼내 한 줄로 이으면 그 줄은 지구를 한 번이 아니라 2,000번이나 감을 수 있다. 한 마리의 동물 또는 한 그루의 식물은 마치 열대 우림처럼 작은 공동체로 채워진, 여러 층이 상호 작용하는 또 하나의 거대한 공동체다. 열대 우림 자체는 약 1000만 종의 생물이 들끓는 하나의 공동체다. 그 모든 종의 각 구성원은 그 자체가 또한 길들여진 세균들로 이루어진 공동체의 공동체다. 진핵 세포를 박테리아가 들어찬 폐쇄된 정원으로 보는, 진핵생물의 기원에 관한 린 마굴리스의 이론은 에덴 동산에 관한 이야기와 비교할 수 없을 정도로 흥미진진하며 영감을 불러일으킨다. 그것은 또한 거의 확실한 사실이 될 수 있는 부수적인 이점도 갖고 있다.

대부분의 생물학자처럼 나는 여기서 마굴리스의 이론을 진실이라고 전제한다. 그 이야기를 꺼낸 이유는 오로지 그것이 함축하고 있는 한 가지 사실 때문이다. 즉 미토콘드리아는 자신의 고유한 DNA를 갖고 있다는 사실이다. 다른 세균과 마찬가지로 그것은 딱 하나뿐인 고리 모양의 염색체 안에 들어 있다. 이제 이 모든 사실이 의미하는 바를 이야기할 때가 된 것 같다. 미토콘드리아 DNA는 성을 통한 유전자 혼합에 전혀 참여하지 않는다. 세포핵 속에 들어 있는 DNA와도 섞이지 않으며, 다른 미토콘드리아 DNA와도 섞이지 않는다. 다른 많은 세균처럼 미토콘드리아는 단순한 이분법으로 증식한다. 미토콘드리아 하나가 두 개의 딸 미토콘드리아로 분열할 때, 딸 미토콘드리아들은 각기 사소한 돌연변이에 의해 다소 차이는 나겠지만 원래 가지고 있던 염색체와 동일한 복제품을 갖는다. 이제 긴 시간을 다루는 계보학자가 보면 좋아할 만한 사실을 발견한 셈이다. 우리가 가지고 있는 보통의 DNA는, 세대가 바뀔 때마다 일어나는 유전자 혼합 때문에 어떤 유전자가 부계고 모계인지를 알아보지 못하게 증거가 훼손된다는 사실은 이미 살펴보았다. 그런데 미토콘드리아DNA는 다행히도 독신주의자다.

우리는 오로지 어머니한테서만 미토콘드리아를 받는다. 정자는 너무 작아서 겨우 한 개의 미토콘드리아가 들어갈까 말까 하다. 정자는 꼬리로 헤엄을 쳐서 난자를 찾아가는데, 이때 필요한 에너지를 공급하기에 충분할 만큼만 미토콘드리아를 가지고 있다. 이 미토콘드리아는 수정 단계에서 정자의 머리가 난자 속으로 들어갈 때 꼬리와 함께 떨어져 나간다. 난자는 정자에 비해 덩치가 크다. 액체로 채워진 그 거대한 내부에는 수많은 미토콘드리아가 들어 있다. 이 미토콘드리아가 아기의 몸에서 증식한다. 따라서 태어나는 아기가 남자든 여자든, 그 아이의 미토콘드리아는 모두 어머니의 미토콘드리아에서 유래한 것이다. 또한 그 아이가 남자든 여자든, 그 아이의 미토콘드리아는 모두 외할머니의 미토콘드리아에서 유래한 것이다. 아버지로부터는 단 한 개도 받지 않았으며, 할아버지로부터도 받지 않았다. 심지어 친할머니로부터도 받지 않았다. 핵에 들어 있는 DNA는 4명의 조부모, 8명의 증조부모로부터 유래한 DNA가 똑같은 확률로 섞인 것이다. 그런데 미토콘드리아는 이러한 핵의 DNA에 의해 오염되지 않은 독자적인 과거 기록을 갖고 있다.

미토콘드리아 DNA는 오염되지 않는다. 그러나 복제 과정에서 생기는 무작위적인 실수인 돌연변이가 없는 것은 아니다. 사실은 다른 DNA보다도 더 높은 돌연변이 속도를 갖고 있다. 왜냐하면 미토콘드리아에는 우리의 세포가 영겁의 세월 동안 진화시켜 온 정교한 에러 교정 장치가 없기 때문이다. 이것은 다른 모든 세균의 경우도 마찬가지다. 독자가 가지고 있는 미토콘드리아 DNA와 내 것과는 약간의 차이가 있을 것이다. 그 차이의 정도는 얼마나 거슬러 올라가야 우리의 공통 조상이 나타날지를 가늠하는 척도가 될 것이다. 우리 조상들 중의 아무나가 아니고, 어머니의 어머니의 어머니의 어머니의……어머니로 이어지는 조상들 중에서 말이다. 만약 독자의 어머니가 순수한 오스트레일리아 원주민 혈통이라면, 또는 순수한 중국인 혈통이라면, 아니면 칼라하리 사막의 쿵산(!Kung San) 족 혈통이라면, 독자의 미토콘드리아 DNA와 내 것과는 상당한 차이가 있을 것이다. 독자의 아버지는 영국의 귀족일 수도 있고, 수(Sioux) 족의 추장일 수도 있을 것이다.

그러나 독자의 미토콘드리아와 내 것을 비교할 때 발견할 수 있는 모든 차이는 아버지의 혈통과는 상관이 없다. 이것은 남자 조상이라면 누구에게나 적용되는 사실이다. 미토콘드리아만의 독자적인 경전, 즉 외전(外典)이 있는 셈이다. 이것은 오로지 여성의 계보를 통해 정통 경전과 나란히 내려왔다. 성차별주의자의 견해가 아니다. 부계를 통해 내려왔다고 해도 사정은 마찬가지였을 것이다. 중요한 것은 그 계보가 성에 의해 손상되지 않는다는 점이다. 세대를 거칠 때마다 쪼개지거나 합쳐지는 일이 없다. 부계와 모계를 다 통하는 것이 아니라 그중 한 쪽 계보만을 통해 일관되게 내려오는 것이 DNA 문헌학자들이 원하는 성질이다. Y 염색체는 사람 이름의 성처럼 오로지 부계를 통해서만 내려온다. 따라서 이론적으로는 미토콘드리아 DNA와 마찬가지의 효용이 있지만, 너무 적은 정보를 갖고 있어서 별로 쓸모가 없다. 따라서 어떤 한 종 안에 있는 개체들 사이의 공통 조상을 추적하는 데는 미토콘드리아 속에 감춰진 외전을 연구하는 것이 이상적이다.

캘리포니아 대학교 버클리 분교에 재직하다 최근에 작고한 앨런 윌슨(Allan Wilson)과 그와 제휴한 연구 집단이 미토콘드리아 DNA를 연구해 왔다. 1980년대에 윌슨과 그의 동료들은 전 세계를 돌며 135명의 여성들로부터 미토콘드리아 DNA를 추출했다.

거기에는 오스트레일리아의 원주민, 뉴기니의 고지대 주민, 아메리카 원주민, 유럽 인, 중국인, 그리고 아프리카 여러 부족의 대표들이 포함되어 있었다. 윌슨과 그의 동료들은 그 여성들의 미토콘드리아 DNA가 다른 여성들과 비교해서 몇 글자나 차이가 나는지를 조사했다. 그들은 이 숫자들을 컴퓨터에 입력해서 가능한 한 가장 간략한 가계도를 만들도록 지시했다. '간략한'이라는 말은 가능한 한 우연의 일치를 생각하지 않고 작업을 한다는 뜻이다. 여기에는 약간의 설명이 필요하다.

말, 돼지, 효모, 그리고 시토크롬 c의 글자 서열을 분석하는 것에 관해서 앞에서 이야기했던 것을 생각해 보자. 말과 돼지는 단지 3글자만 다르고, 돼지와 효모는 45글자가, 그리고 말과 효모는 46글자가 다르다는 것을 기억할 것이다. 이론적으로 돼지와 말은 비교적 최근에 공통 조상에서 갈라져 나왔기 때문에 그 둘은 효모와 정확히 똑같은 거리만큼 떨어져 있다고 이야기했다. 45와 46의 차이는 이상적인 세계에는 있을 수 없는 예외라고 했다. 그것은 아마 말로 분화하는 과정에서 생긴 부수적인 돌연변이 때문이거나 돼지로 분화하는 과정에서 생긴 역돌연변이 때문일 것이다.

실제로는 불합리한 생각이지만 이론적으로 말보다는 돼지가 더 효모와 가깝다고 말할 수 있다. 돼지와 말이 서로 닮도록 진화한 것이(그것들의 시토크롬 c 유전자의 내용은 단지 3글자만 다르며, 그들의 신체는 기본적으로 거의 동일한 포유류의 형태를 띠고 있다.) 여러 번의 우연의 일치로 그렇게 되었다고 하는 것은 이론적으로 가능하다. 그러나 우리가 이것을 믿지 않는 이유는 돼지가 말을 닮는 방법이 돼지가 효모를 닮는 방법보다 훨씬 많기 때문이다. 솔직히 말보다 돼지가 효모와 더 가깝게 보이는 근거는 DNA 글자 딱 한 개 때문인데, 다른 면에서 찾을 수 있는 수백만의 닮음에 의해 휩쓸려 버린다. 일종의 간결성의 논리다. 돼지가 말과 가깝다고 가정하면, 딱 한 개의 우연의 일치만 조정하면 된다. 그런데 돼지가 효모와 가깝다고 가정하면 독립적으로 발생한, 엄청나게 비현실적인 우연의 일치의 연속을 상정해야 한다.

말과 돼지, 그리고 효모의 경우는 간결성의 논리가 너무나 압도적이어서 의심의 여지가 없다. 그러나 여러 인종에서 뽑은 미토콘드리아 DNA의 경우에는 유사성에 관한 압도적인 뭔가가 없다. 여기에도 간결성의 논리가 적용된다. 그렇지만 그것은 미세한, 정량적인 논리이지 강력하고 압도적인 논리는 아니다. 그래서 논리상으로 컴퓨터가 필요하다. 컴퓨터는 135명의 여성의 관계를 나타내는 가능한 가계도를 모두 뽑는다. 그런 다음 그 가계도들을 조사해 가장 간결한 것을 하나 고른다. 다시 말해서 우연의 일치에 의해 닮은 확률이 가장 낮은 것을 하나 고른다. 그러나 앞에서 DNA 글자 단 하나 때문에 효모가 말보다는 돼지와 더 가깝다는 사실을 어쩔 수 없이 받아들여야 했던 것처럼, 가장 훌륭한 가계도라 할지라도 몇 가지 작은 우연의 일치는 어쩔 수 없이 받아들여야한다. 그러나 (최소한 이론적으로는) 컴퓨터는 그것을 뛰어넘어 여러 개의 가계도 중에서 어느 것이 가장 간결하고 우연의 일치가 적은지 이야기해 줄 수 있다.

이것은 이론이다. 실제로는 장애물이 하나 있다. 성립될 수 있는 가계도의 수는 독자나 내가, 또는 어느 수학자가 상상할 수 있는 것보다도 훨씬 크다. 말과 돼지와 효모의 경우, 가능한 가계도는 단지 세 가지다. 그중에서 가장 정확한 것은 〔〔돼지·말〕효모〕로, 돼지와 말이 안쪽 괄호에 같이 들어가고, 효모가 따로 떨어진 '외(外) 집단'으로 있는 것이다. 다른 두 가지 이론적인 가계도는 〔〔돼지·효모〕말〕과 〔〔말·효모〕돼지〕다. 여기에 네 번째 생물, 가령 오징어를 추가하면 가능한 가계도의 숫자는 12개로 올라간다. 여기서 12개를 다 열거하지는 않을 것이다. 그러나 참인 것

(가장 간결한 것)은 [[[말·돼지]오징어]효모]다. 여기서도 말과 돼지는 가까운 친척으로서 또다시 가장 안쪽의 괄호에 함께 자리를 잡았다. 오징어는 바로 그 다음으로 그 집단에 연결되며, 효모보다는 더 최근에 [[[말·돼지]오징어]효모] 계보와의 공통 조상에서 갈라져 나왔다. 나머지 11개의 가계도 중 어느 것도 그것보다 더 간결하지는 않다.

만약 돼지가 실제로 오징어와 가까운 친척이고 말이 실제로 효모와 가까운 친척이라면, 말과 돼지가 그 수많은 유사점을 각기 독립적으로 진화시켜 왔다는, 거의 불가능한 이야기가 된다. 세 가지 생물로는 세 가지 가계도를 만들 수 있고, 네 가지 생물로는 12가지 가계도를 만들 수 있다면, 135명의 여성으로는 가계도를 몇 가지나 만들 수 있을까? 쓸 자리가 없을 정도로 엄청난 숫자다. 세상에서 가장 크고 빠른 컴퓨터에게 그 모든 가계도를 그리는 작업을 하도록 명령했다면, 컴퓨터가 상당한 정도의 진척을 보이기 전에 이 세상이 끝날 것이다.

그럼에도 불구하고 희망이 없는 것은 아니다. 다행히도 우리는 표본 추출 기술을 이용해 엄청난 숫자를 다룰 수 있다. 아마존 강 유역의 모든 곤충의 숫자를 다 셀 수는 없다. 하지만 숲 전체에서 무작위로 작은 구역을 표본 추출하고, 그것들이 그 지역을 대표한다고 가정한 다음 그 안에 있는 곤충의 숫자를 세어 전체 숫자를 추정할 수 있다. 컴퓨터는 135명의 여성을 연결하는 모든 가계도를 다 조사할 수는 없다. 하지만 가능한 모든 가계도들 중에서 무작위로 표본을 뽑을 수는 있다. 가능한 수십억의 수십억 제곱 개의 가계도들 중에서 표본을 뽑을 때마다 가장 간결한 것들이 어떤 특징을 공통으로 갖고 있음을 발견하면, 전체 가계도 중에서 가장 간결한 것도 아마 그와 똑같은 특징을 갖고 있으리라고 결론을 내릴 수 있을 것이다.

사람들이 해 왔던 것이 바로 이 방법이다. 그러나 어느 것이 가장 좋은 방법인지는 확실치 않다. 브라질의 열대 우림에서 표본을 추출하는 방법 중에서 어느 것이 전체를 가장 잘 대표할 수 있는가에 관해 곤충학자들마다 다른 주장을 하듯이, DNA 문헌학자들도 여러 가지 다른 표본 추출 방법을 사용한다. 그리고 불행하게도 그 결과들이 힝싱 일치하지는 않는다. 그럼에도 불구하고, 나는 여기서 버클리의 윌슨 그룹이 인간의 미토콘드리아 DNA를 분석해 얻은 결론을 제시하고자 한다. 그럴 만한 가치가 있기 때문이다. 그들이 내린 결론은 아주 흥미롭고 도발적인 것이었다. 그들에 따르면 가장 간결한 가계도는 아프리카에 확고하게 뿌리를 두고 있음이 밝혀졌다. 이것이 의미하는 것은 아프리카 어떤 종족이 아프리카 다른 종족과 연관된 정도가, 그 종족이 아프리카가 아닌 세계의 다른 지역에 사는 어떤 종족과 연관된 정도보다 더 멀다는 말이다. 세계의 나머지 인종(유럽 인, 아메리카 원주민, 오스트레일리아 원주민, 중국인, 뉴기니 인, 에스키모 등)은 비교적 가까운 친척 집단을 형성한다. 아프리카 어떤 종족은 이 집단에 속한다. 그러나 아프리카 다른 종족은 거기에 속하지 않는다. 이 분석에 따르면 가장 간결한 가계도는 이런 형태다. 〔〔〔〔아프리카 다른 종족과 그밖의 모든 인종〕 아프리카 다른 종족〕 아프리카 다른 종족〕 아프리카 어떤 종족〕. 따라서 그들은 우리 모두의 위대한 여자 조상이 아프리카에 살았다고 결론을 내렸다. 그녀가 바로 '아프리카 이브'다. 이미 이야기했듯이, 이 결론은 논란의 여지가 있다. 다른 이들은 그와 같은 정도로 간결한 계통수가 아프리카 외의 지역에 뿌리를 두고 있을 수 있다고 주장한다. 그들은 또한 버클리 그룹이 그러한 특정한 결과를 얻은 이유는, 부분적으로 그들의 컴퓨터가 가계도를 조사한 순서 때문이라고 주장한다. 분명히 조사의 순서가 결과에 영향을 미쳐서는 안 된다. 하지만 아마 대부분의 전문가들은 미토콘드리아 이브는 아프리카 인이라는 것에 판돈을 걸 것이다. 그러나 그들이 크게 믿는 어떤 것이 있어서 그러는 것은 아니다.

버클리 그룹이 내린 두 번째 결론은 논란의 여지가 적다. 미토콘드리아 이브가 어디에 살고 있었든 언제 살고 있었는지 추정할 수 있었다. 미토콘드리아 DNA가 얼마나 빠른 속도로 진화하는지가 알려져 있다. 따라서 미토콘드리아 DNA의 분화를 나타내는 계통수에서 각 분기점이 대략 언제쯤인지 추정할 수 있다. 모든 인류가 하나로 합쳐지는 분기점(미토콘드리아 이브가 탄생한 날)은 25만 년 전과 15만 년 전 사이에 있다.

미토콘드리아 이브가 아프리카 인이든 아니든, 우리의 조상이 아프리카에서 나왔다는 것은 명백한 사실이다. 이것은 또 다른 의미다. 결코 아프리카 이브 가설과 혼동해서는 안 된다. 미토콘드리아 이브는 모든 현생 인류의 최근 조상이다. 그녀는 호모 사피엔스(*Homo sapiens*) 종의 일원이었다. 그보다 더 오래된 인류인 호모 에렉투스(*Homo erectus*)의 화석은 아프리카뿐만 아니라 그밖의 지역에서 발견된다. 호모 에렉투스보다도 훨씬 더 먼 조상, 가령 호모 하빌리스(*Homo habilis*)와 여러 종의 오스트랄로피테쿠스(*Australopithecus*, 새로 발견된 400만 년 전의 것까지 포함해서)의 화석은 오로지 아프리카에서만 발견되었다. 따라서 우리는 25만 년 전부터 아프리카에서 흩어져 나온 자손들이다. 그런데 이것은 두 번째로 흩어진 것이다. 그보다 먼저인 것은 대략 150만 년 전 호모 에렉투스가 아프리카를 나와 중동과 아시아에 자리를 잡은 사건이다. '아프리카 이브' 이론은 더 오래된 이 아시아 인들이 존재하지 않았다고 주장하는 것은 아니다. 단지 그들이 자손을 남기지 못했다고 주장할 뿐이다. 아무튼 200만 년 전으로 거슬러 올라가면 우리 모두는 결국 아프리카 인이다. 아프리카 이브 이론은 부수적으로 현재 살고 있는 모든 인류는 단지 수십만 년만 거슬러 올라가도 모두 아프리카 인이라고 주장한다. 새로운 증거가 나타난다면, 오늘날의 모든 미토콘드리아 DNA를 추적하여 아프리카 외의 조상(아시아 이브)으로 거슬러 올라가는 것도 가능한 일이다. 동시에 더 오래된 조상은 아프리카에서만 발견된다는 사실에 동의하면서 말이다.

잠시만 버클리 그룹의 주장이 옳다고 가정하자. 그리고 그들의 결론이 의미하는 것이 무엇이고 의미하지 않는 것이 무엇인지 알아보자. '이브'라는 이름에는 오해를 불러일으킬 소지가 있는 것 같다. 어떤 열광적인 사람은 지레짐작으로 그녀가 지구상에 하나뿐인 외로운 여인이어야만 한다고 생각할지도 모른다. 즉 그녀는 궁극적인 유전적 병목이며, 심지어 창세기 신화의 증거라는 생각이다! 이것은 완전히 잘못 이해하고 있는 것이다. 정확하게 말한다면, 그녀는 한 사람이 아니다. 심지어 그녀가 살던 시대에 상대적으로 적은 수의 인구가 살고 있지도 않았다. 남성·여성을 막론하고 그녀의 동료는 많았을 뿐 아니라, 아이도 많이 낳았을 것이다. 심지어 그들의 자손은 오늘날에도 많이 남아 있을 것이다. 그러나 그들이 가지고 있던 미토콘드리아의 자손들은 모두 죽어 버렸다. 왜냐하면 그들과 우리를 연결하는 계보가 어느 점에선가 남성을 통해 연결되었기 때문이다. 마찬가지 방법으로, 이름 앞에 붙는 고귀한 성씨(성씨는 Y 염색체와 연관되어 있고 오로지 부계를 통해서만 유전되므로 미토콘드리아와는 정확히 거울상이다.)도 사라져 버릴 수 있다. 하지만 이것이 그 성을 가진 사람이 자손을 남기지 못했다는 것을 의미하지는 않는다. 오로지 부계만으로 이루어진 계보를 통해서는 자손을 남기지 못했다는 말이다. 그러나 다른 계보를 통해서 많은 자손을 남길 수 있다. 그 이론이 주장하는 바는, 미토콘드리아 이브는 오로지 모계만으로 이루어진 계보를 따라 거슬러 올라갔을 때 발견할 수 있는 현생 인류의 공통 조상 중에서 가장 최근의 여성이라는 것이다. 이 주장을 성립시키기 위한 여성이 '한 명'은 있어야 한다. 이제 남은 유일한 논란거리는 그녀가 살던 곳이 어디이며, 살았던 때가 언제인가 하는 것이다. 그녀가 언젠가 어떤 곳에 살고 있었다는 것은 확실한 사실이다.

사람들이 하기 쉬운 두 번째 오해는 더 흔한 것으로, 심지어 미토콘드리아 DNA 연구 분야에서 일하는 선도적인 과학자들도 함부로 이야기하는 것이다. 그것은 바로 미토콘드리아 이브가 우리의 가장 최근의 공통 조상이라는 믿음이다. 이것은 '가장 최근의 공통 조상'과 '순수한 모계를 따랐을 때의 가장 최근의 공통 조상'을 혼동한 데서 비롯된다. 미토콘드리아 이브는 순수한 모계만을 따랐을 때, 가장 최근의 공통 조상이다. 그러나 사람들이 순수한 모계가 아닌 다른 경로로 자손을 남기는 방법은 많다. 그 경로는 수백만 가지다. 조상의 수를 계산하던 때로 돌아가 보자(그 전 논의의 핵심이었던, 사촌 간의 결혼이 초래하는 복잡함은 빼자.). 증조부모는 여덟 분이지만 그중 딱 한 분만이 순수한 모계다. 고조부모는 열여섯 분이지만 그들 중 단 한 분만이 순수한 모계다. 사촌 간의 결혼에 의해 당대의 조상 수가 줄어든다 해도, 순수한 모계가 아닌 다른 경로로 조상이 되는 방법이 훨씬 더 많다는 것은 엄연한 사실이다. 유전자의 강을 따라 먼 과거로 거슬러 올라가면, 거기에는 아마 많은 이브와 아담 들이 살고 있을 것이다. 그중 한 명으로부터 2005년에 살고 있는 모든 인류가 유래했다고 말할 수 있다. 미토콘드리아 이브는 단지 이들 중 한 명일 뿐이다. 이 모든 아담과 이브 들 중에서 미토콘드리아 이브가 가장 최근의 조상이라고 생각할 특별한 이유는 없다. 그와 반대로 미토콘드리아 이브는 특정한 경로 안에서 정의한다. 우리는 그 특정한 경로를 통해 그녀로부터 유래했다. 순수한 모계만으로 이루어진 경로 외의 경로는 그 수가 너무 많기 때문에 미토콘드리아 이브가 이 많은 아담과 이브 중에서 가장 최근의 공통 조상일 가능성은 수학적으로 매우 낮다. 미토콘드리아 이브는 (모계만으로 이루어진) 단 하나의 경로 안에서만 특별한 존재다. 다른 경로 안에서도 (가장 최근의 공통 조상이라는) 특별한 존재라면, 그것은 기막힌 우연의 일치가 될 것이다.

　흥미를 돋우기 위해 덧붙인다면, 인류의 가장 최근의 공통 조상은 이브보다는 아담일 가능성이 조금 더 크다. 남성으로 이뤄진 하렘보다도 여성으로 이뤄진 하렘이 더 생기기 쉽다. 왜냐하면 남성은 생리적으로 수백, 심지어 수천의 자손까지도 가질 수 있기 때문이다. 『기네스북』에는 1,000명에 가까운 자식을 둔 모로코 황제 물레이 이스마일(Moualy Ishmael)의 이야기가 기록되어 있다(여권론자들은 그를 마초의 상징으로 생각한다. 그는 칼을 뽑은 채 말에 올라타서는, 그와 동시에 말고삐를 쥐고 있는 노예의 목을 쳐서 말이 재빨리 달리도록 했다고 한다. 믿기지 않겠지만, 그가 1만 명의 남자를 직접 죽였다는 이야기와 함께 수많은 자식을 두었다는 전설이 전해 내려온다는 사실은, 그와 성향이 같은 사람들이 추앙하는 자질이 어떤 것인지를 짐작하게 해 준다.). 반대로 여성은 이상적인 조건에서도 평생 20명 이상의 아이를 가질 수 없다. 몇몇 남성들은 어이가 없을 정도로 많은 아이를 가질 수 있는데, 이 사실은 다른 남성들은 아이를 하나도 갖지 못해야 함을 의미한다. 만일 누군가가 번식에 실패했다면 그는 여성보다는 남성일 가능성이 높다. 그리고 누군가가 어울리지 않을 정도로 많은 자손을 갖고 있다면, 그 또한 남성일 가능성이 높다. 따라서 모든 인류의 가장 최근의 공통 조상은 이브가 아니라 아담일 가능성이 더 높다. 극단적으로 말해, 모든 모로코 인들은, 살인광 물레이 이스마일의 자손이겠는가, 불쌍한 그의 부인들 중 어느 한 명의 자손이겠는가?

결론은 다음과 같다. 첫째, 미토콘드리아 이브라고 부를 수 있는 한 명의 여성이 있는데, 그녀는 모계만으로 이루어진 경로를 통했을 때, 모든 현대 인류가 유래한 가장 최근의 공통 조상이라는 것은 확실하다. 둘째, 초점 조상(Focal Ancestor)이라고 부를 수 있는, 성별을 모르는 한 사람이 있었는데, 어느 경로를 통하든 그가 현대의 모든 인류가 유래한 가장 최근의 공통 조상이라는 것도 확실하다. 셋째, 미토콘드리아 이브와 초점 조상은 동일인일 수도 있지만, 그 가능성은 무시할 만큼 적다. 넷째, 초점 조상은 여성보다는 남성일 가능성이 더 높다. 다섯째, 미토콘드리아 이브는 25만 년 전 이후에 살고 있었을 가능성이 매우 높다. 여섯째, 미토콘드리아 이브가 어디에 살고 있었는지는 논란의 여지가 있지만, 아프리카라는 주장이 우세하다. 다섯째와 여섯째 결론만이 과학적인 증거에 근거를 두고 있다. 처음 넷은 일반 상식을 가지고 탁상공론만으로 도출해 낸 것이다.

그러나 나는 조상들이 생명 자체를 이해하는 열쇠를 쥐고 있다고 말했다. 아프리카 이브 이야기는 웅장하고 비교할 수 없을 정도로 더 오래된 서사시 중에서도, 인간만의 소우주에 한정된 것일 뿐이다. 다시 유전자 강, 에덴에서 흘러나온 강의 비유로 돌아가야 한다. 그런데 이번에는 전설 속의 이브가 살던 수천 년 전이나, 아프리카의 이브가 살던 수십만 년 전보다 훨씬 더 먼 과거로 거슬러 올라가야 한다. DNA 강은 30억 년 이상 끊어지지 않고 흘러 왔다.

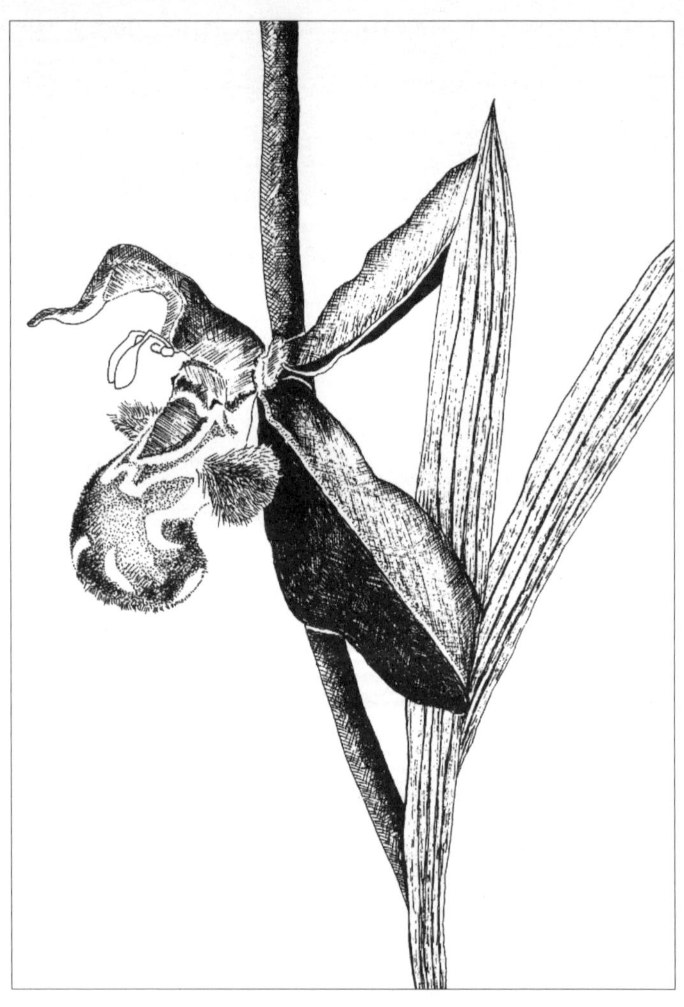

창조론은 오랫동안 사람의 마음을 끌어 왔다. 그 이유를 찾기는 어렵지 않다. 그렇지만 최소한 내가 만났던 사람들은 「창세기」, 또는 다른 민족의 기원 신화가 갖는 문자 그대로의 진실성 때문에 창조론에 마음을 둔 것이 아니었다. 그보다는 사람들이 생물계의 복잡성과 아름다움을 스스로 발견하고 그것이 누군가에 의해 설계된 것이 '확실하다.'라고 결론을 내렸기 때문이다. 다윈의 진화론이 성서에 입각한 창조론을 최소한 일부는 대체할 수 있다는 사실을 인식한 창조론자들은 좀 더 정교한 반대 이론에서 위안을 찾으려 한다. 그들은 진화의 중간 단계를 부정한다. 사람들은 이렇게 이야기한다. "X는 창조주가 설계했음이 틀림없다. 왜냐하면 절반의 X는 제대로 된 기능을 수행하지 못하기 때문이다. X의 모든 부분은 동시에 갖춰져야 한다. 그것은 점진적으로 진화할 수 없다." 예를 하나 들어 보자. 이 장(章)을 쓰기 시작한 날 나는 한 장의 편지를 받았다. 미국의 어느 목사가 보낸 것인데, 그는 무신론자였다가 《내셔널 지오그래픽》에 실린 기사를 보고 생각을 바꿨다고 한다. 그 편지의 일부를 소개한다.

그 기사는 난초가 성공적인 번식을 위해 어떻게 환경에 적응하는지에 관한 것이었습니다. 그 기사를 읽으면서 저는 어떤 한 종의 번식 전략에 특별한 관심을 갖게 되었습니다. 그 종은 번식을 하는 데 말벌 수컷의 협력을 필요로 했습니다. 확실히 그 꽃은 그 말벌 종의 암컷을 빼닮았습니다. 게다가 적당한 장소에 열린 구멍이 있어서 말벌 수컷이 그 겉모습에 속아 꽃과 교미하려고 하면 꽃가루가 말벌의 몸에 묻게 되어 있습니다. 말벌은 다음 꽃으로 날아가서 같은 일을 되풀이하고, 따라서 서로 다른 꽃끼리 꽃가루받이를 하게 됩니다. 꽃이 말벌을 유인하기 위해 사용하는 방법은 그 말벌 종의 암컷이 발산하는 것과 동일한 페로몬(곤충들이 번식기에 상대방을 유인하기 위해 사용하는 특별한 물질)을 발산하는 것입니다. 호기심을 갖고 함께 실린 사진을 자세히 살펴보던 저는 커다란 충격을 받았습니다. 그 난초의 번식 전략이 성공하기 위해서는 모든 것이 처음부터 완벽하게 갖춰져 있어야만 한다는 것을 깨달았기 때문입니다. 단계적으로 갖춰 가는 것으로는 그것을 설명할 수 없었습니다. 왜냐하면 난초가 암컷 말벌처럼 보이지 않거나, 암컷 냄새가 나지 않거나, 적당한 위치에 열린 구멍이 없어서 말벌 수컷이 교미 자세를 취할 때 꽃가루가 말벌의 몸에 묻지 않는다면 그 전략은 완전히 실패할 것이기 때문입니다.

저를 압도하던 그 가라앉는 기분을 결코 잊지 못할 것입니다. 왜냐하면 그 짧은 시간 동안에 어떤 형태로든 신은 반드시 존재한다는 것이 명확해졌기 때문입니다. 그는 그 과정에 계속적으로 관여하여 그 일이 제대로 이루어지게 하는 존재였습니다. 요약하면 창조주는 구시대적인 미신이 아니라 실재하는 어떤 것이었습니다. 가장 참을 수 없었던 것은, 제가 그 창조주에 대해 더 많은 것을 연구해야 한다는 것을 단번에 깨달은 것입니다.

물론 다른 사람들은 다른 경로를 통해 종교에 귀의한다. 하지만 확실히 많은 사람들이 이 목사(개인의 신상 보호를 위해 인적 사항은 밝히지 않겠다.)의 경험과 비슷한 경험을 한다. 그들은 자연의 경이로움을 스스로 발견하거나 그에 관한 글을 읽고는 경외감과 놀라움에 사로잡혀 자연에 대한 숭고한 마음을 갖게 된다. 더 자세히 말하면, 그들은 내게 편지를 보낸 목사처럼, 특별한 자연 현상(정교한 거미줄, 독수리의 뛰어난 눈과 날개 등)은 점진적인 단계를 거쳐서 진화할 수 없다고 결론을 내린다. 왜냐하면 중간 단계, 또는 절반만 완성된 단계는 어떤 일도 제대로 해낼 수 없기 때문이다. 이 장을 쓴 목적은 복잡한 장치가 제 기능을 다 하기 위해서는 처음부터 완벽해야만 한다는 논리가 잘못된 것임을 지적하기 위해서다. 덧붙이자면 난초는 찰스 다윈이 가장 좋아한 예들 중 하나다. 쉬운 일이 아니었지만, 그는 한 권의 책에 "곤충에 의해 가루받이를 할 수 있도록 고안된 난초의 다양한 장치들"이 어떻게 자연선택을 통한 점진적인 진화의 원리에 따라 만들어지는지를 훌륭하게 입증했다.

내게 편지를 보낸 목사가 주장하는 핵심은 "번식 전략이 성공하기 위해서는 처음부터 모든 것이 완벽하게 갖춰져 있어야만 한다. 단계적으로 갖춰 가는 것으로는 그것을 설명할 수 없다."이다. 눈의 진화에 관해서도 똑같은 주장을 할 수 있다. 이것은 자주 인용되는 예다. 이 장에서 이것에 관해 논하려 한다.

그런 종류의 주장을 들을 때마다 나는 그 주장에 강한 믿음이 있음을 느낀다. 나는 그 목사에게 다음과 같이 묻고 싶다. 말벌을 닮은 난초(아니면 눈이나 다른 어떤 것이든 간에)가 모든 요소를 완전히 갖추지 못하면 제 역할을 수행하지 못할 것이라고 어떻게 그렇게 쉽게 확신할 수 있는가? 실제로 그 문제를 단 1초라도 생각해 보았는가? 우선 먼저 난초나 말벌, 또는 말벌이 암컷과 난초를 바라보는 눈에 관해 실제로 알고 있는가? 일이 제대로 되려면 난초가 모든 면에서 완벽해야 할 정도로 말벌의 눈을 속이기가 그렇게 어렵다고 어찌 단언할 수 있는가?

가장 최근에 속았던 일을 생각해 보라. 당신은 길에서 본 어느 여자에게 아는 사람인 줄 알고 모자를 벗어 들고 인사했을 수도 있다. 영화 배우는 말에서 떨어지거나 절벽에서 뛰어내리는 장면에서 대역으로 스턴트맨을 쓴다. 스턴트맨이 주인공을 닮은 것은 대개 극히 피상적이지만, 빠르게 지나가는 액션 장면에서는 관객을 속이기에 충분하다. 남성들은 잡지에 실린 야한 사진을 보고도 강한 성욕을 느낀다. 사진은 단지 종이에 인쇄된 잉크에 불과하다. 그것은 3차원도 아닌 2차원이다. 사진에 나타난 상의 크기는 단지 몇 센티미터밖에는 되지 않는다. 심지어 그것은 몇 개의 선으로 이루어진 조잡한 만화일 수도 있다. 하지만 그것은 남성의 욕구를 자극한다. 빠르게 날고 있는 말벌 수컷이 암컷과 교미하려고 하기 전에 기대할 수 있는 것은 아마 빠르게 지나가는 암컷의 영상이 전부일 것이다. 뭔지는 잘 모르지만 말벌 수컷이 아마 암컷임을 판단하는 단서로는 몇 가지 자극만으로 충분할 것이다.

말벌이 사람보다 훨씬 속이기 쉽다고 생각할 수 있는 이유는 많다. 큰가시고기는 확실히 속이기 쉽다. 그런데 물고기는 말벌보다 큰 뇌와 더 우수한 눈을 갖고 있다. 큰가시고기 수컷은 배가 빨갛다. 이놈들은 다른 수컷만 위협하는 것이 아니라 빨간 '배'를 갖고 있는 조잡한 가짜에게도 위협하는 자세를 취한다. 노벨상을 수상한 동물행동학자이자 나의 스승 니콜라스 틴버겐(Nikolaas Tinbergen)은 내게 유명한 일화를 들려준 적이 있다. 실험실 창문 밖으로 빨간색 우편 배달 차가 빠르게 지나간 적이 있었는데, 그때 모든 큰가시고기 수컷들이 창문 쪽의 어항 벽을 향해 격렬한 위협 자세를 취하면서 일제히 달려들었다고 한다. 큰가시고기 암컷이 성숙해 알을 배고 있으면 배가 눈에 띄게 부푼다. 틴버겐은 극도로 조잡한, 약간 길쭉한 은색 가짜 암컷을 만들었는데, 이것은 우리 눈에는 전혀 큰가시고기처럼 보이지 않는다. 단지 불룩한 '배'를 갖고 있다는 특징이 있을 뿐이다. 그런데 이것이 수컷의 교미 행동을 유발했다. 틴버겐이 형성한 학파에서 최근에 한 가지 실험을 했다. 그들은 이름하여 섹스 폭탄(sex bomb, 성적 매력이 넘치는 육체파 여성을 뜻한다.—옮긴이)이라는 것을 만들었다. 이것은 서양배처럼 생긴 물체로, 길쭉한 것이 아니라 동그랗고 통통한 모양이 특징이다. 그 모습을 보고는 전혀 물고기를 연상할 수 없다. 그런데 이것이 큰가시고기 수컷의 성욕을 자극하는 데 훨씬 효과가 크다는 사실이 밝혀졌다. 큰가시고기의 '섹스 폭탄'은 초정상적 자극(supernormal stimulus, 실제의 것보다 훨씬 더 효과적인 자극)의 고전적인 예다. 다른 예를 한 가지 더 들어 보겠다. 틴버겐은 타조 알 크기의 알을 품으려고 애쓰는 검은머리물떼새의 그림을 책에 실은 적이 있다. 새는 물고기보다 더 큰 뇌와 더 좋은 시력을 갖고 있다. 하물며 말벌 따위의 곤충에 비하랴? 그런데도 검은머리물떼새는 타조 알 크기의 알이 양육할 가치가 있는 최고의 대상이라고 '생각한다.'

갈매기, 기러기, 그리고 땅에 둥지를 만드는 다른 새들은 둥지 바깥으로 굴러 나간 알에 대해 판에 박힌 반응을 보인다. 새들은 그런 알을 보면 부리 아랫부분으로 끌어서 그 알을 둥지 속으로 다시 밀어 넣는다. 틴버겐과 그의 제자들은 갈매기들이 자기 알뿐만 아니라 달걀에도, 심지어 나무로 만든 작은 원통이나 캠핑하는 사람이 버린 코코아 통에도 같은 반응을 보인다는 것을 증명했다. 재갈매기 새끼는 어미를 졸라서 음식을 얻는다. 새끼가 어미의 부리에 있는 빨간 점을 쪼면, 이것이 자극이 되어 어미는 모이주머니에서 몇 마리의 물고기를 토해 낸다. 틴버겐과 그의 동료 한 사람은 딱딱한 종이로 가짜 어미 머리를 만들었는데, 이것은 새끼의 먹이를 조르는 행동을 매우 효과적으로 유발했다. 새끼에게 실제로 필요한 것은 빨간 점뿐이다. 새끼 갈매기의 입장에서 보면 어미는 단지 빨간 점일 뿐이다. 새끼의 눈에는 어미 몸의 다른 부분도 잘 보일 것이다. 그러나 그것들은 별로 중요하지 않은 것 같다.

새끼 갈매기만이 이러는 게 아니다. 다 자란 붉은부리갈매기는 검은 얼굴을 확실히 구별할 줄 안다. 틴버겐의 제자 로버트 매시(Robert Mash)는 이것이 다른 어른 갈매기들에게 얼마나 중요한가를 연구했다. 그는 나무로 가짜 갈매기 머리를 여러 개 만든 다음 검은색 물감을 칠했다. 각각의 머리를 상자에서 나온 나무 막대기 끝에 고정했다. 막대기에는 전기 모터가 달려 있어서 매시는 원격 조정으로 머리를 들어올렸다 내리거나 좌우로 돌릴 수 있었다. 그는 그 상자를 갈매기의 둥지 근처에 묻었다. 그리고 머리를 내리면 모래 언덕에 가려 갈매기가 보지 못하도록 장치했다. 그런 다음

매일 둥지 근처의 위장막으로 가서 모형의 머리를 올려 고개를 이리저리 돌리면 알을 품고 있는 갈매기가 어떤 반응을 보이는지 관찰했다. 갈매기는 가짜 머리와 그것의 고갯짓을 보고 마치 그것이 진짜 갈매기인 양 반응했다. 하지만 그것은 몸통도 없고 다리도 없으며 날개나 꼬리도 없다. 소리도 내지 않고 살아 있는 생물 같지도 않으며 로봇처럼 고개를 들어올렸다가 좌우로 돌리고 다시 숙이는, 나무 막대기 끝에 달린 모형일 뿐이었다. 그러나 붉은부리갈매기는 몸통과는 별개인 검은 얼굴만 있으면 그것을 위험한 이웃이라고 생각하는 듯했다. 몸통이나 날개, 그밖의 다른 부분은 중요하지 않은 것 같았다.

위장막에 들어가서 새를 관찰하려고 할 때 매시는, 선배나 후배 조류학자처럼 오래전부터 알려진 새의 제한적인 신경계를 이용했다. 즉 새는 수학적 재능을 타고나지 못했다는 것이다. 두 사람이 위장막에 들어간 후, 그중 한 사람만 그곳을 떠난다. 이때 한 사람이 위장막을 떠나는 것을 보면, 새는 둘 다 그곳을 떠난 것으로 '생각한다.' 새가 한 사람과 두 사람의 차이를 구별할 수 없다면, 말벌 수컷이 암컷을 완벽하게 닮지 않은 난초에 속아 넘어갈 수 있다는 사실이 그렇게 놀랄 일일까?

말이 나온 김에 새 이야기를 하나 더 하자. 그런데 이번 이야기는 비극이다. 어미 칠면조는 새끼를 보호할 때에는 공격적이 된다. 때로는 그 공격성이 지나칠 때도 있을 정도다. 칠면조는 새 둥지를 터는 족제비나 쥐 같은 약탈자로부터 새끼를 보호해야만 하는데, 둥지털이를 구별하는 어미 칠면조의 주먹구구식 원칙은 황당할 정도로 엉성하다. 그것은 '둥지 근처에서 새끼 칠면조가 내는 것 같은 소리를 내지 않는 것은 무조건 공격하라.'이다. 이런 사실은 오스트레일리아의 볼프강 슐라이트(Wolfgang Schleidt)라는 동물학자가 발견했다. 어느 날 슐라이트는 어미 칠면조가 자기 새끼들을 모조리 잔인하게 죽인 것을 발견했다. 그 이유는 비참하게도 단순했다. 어미 칠면조의 귀가 먹은 것이다. 칠면조의 신경계가 새끼 칠면조 울음소리를 내지 않으면서 움직이는 물체를 모두 포식자라고 정의한 것이다. 이 새끼 칠면조들은 새끼 칠면조처럼 보이고, 새끼 칠면조처럼 움직이고, 새끼 칠면조처럼 어미를 믿고 달려왔지만, 제 어미가 '포식자'를 제한적으로 정의하는 바람에 희생되고 말았다. 어미는 제 새끼를 지키려고 제 새끼를 공격했다. 그 결과 그들을 모두 죽이고 말았다.

곤충 중에도 칠면조의 비극을 되풀이하는 경우가 있다. 꿀벌의 촉각에 있는 어떤 감각 세포는 딱 한 가지 화학 물질만을 감지하는데, 그것은 올레산(oleic acid)이다(꿀벌은 다른 화학 물질을 감지하는 다른 세포들을 또 가지고 있다.). 올레산은 꿀벌 시체가 썩을 때 나오는데, 이것은 꿀벌의 '장의사 행동'을 촉발시킨다. 즉 벌집 밖으로 시체를 내다 버리게 만드는 것이다. 실험자가 살아 있는 꿀벌에게 올레산 한 방울을 바르면, 이 가련한 생물은 밖으로 끌려나가 죽은 것과 함께 버려진다. 그러나 그 꿀벌은 확실히 살아 있기 때문에 발로 차고 물어뜯으며 저항한다. 곤충의 뇌는 타조나 사람의 뇌보다 훨씬 작다. 곤충의 눈에 대해 말한다면, 잠자리의 커다란 겹눈조차도 사람의 눈이나 새의 눈이 갖고 있는 날카로움에 비하면 정확도가 많이 떨어진다. 정확도와는 별도로, 곤충의 눈은 사람의 눈과는 완전히 다른 방식으로 사물을 인식한다는 사실이 알려져 있다. 오스트리아의 동물학자 카를 폰 프리슈(Karl von Frisch)는 젊은 시절에 곤충은 붉은색은 보지 못하지만 제 나름의 색조로 사람은 볼 수 없는 자외선을 볼 수 있다는 사실을 발견했다. 곤충의 눈은 '나풀거리는 것, 또는 깜박거리는 것'을 특별히 잘 인식하도록 타고났다. 빠르게 움직이는 곤충은 그것으로 우리가 '형태'라고 부르는 것을 부분적으로 대신하는 것 같다. 나비 수컷이 나무에서 나풀거리며 떨어지는 나뭇잎을 암컷으로 알고 '구애'하는 모습이 관찰되고는 한다. 위아래로 퍼덕이는 한 쌍의 큰 날개를 보고 나비 암컷을 인식한 것이다. 날고 있는 나비 수컷에게는 암컷이 오로지 '나풀거리는 것'으로만 보인다. 움직이지 않고 오직 한 자리에서 전등을 켰다 껐다 하는 것만으로도 나비를 속일 수 있다. 깜박거리는 속도를 잘 맞추면, 나비는 다른 나비가 그 속도로 날개를 펄럭이는 것으로 생각할 것이다. 우리가 보기에 줄무늬는 고정된 형태다. 그런데 그것을 지나쳐 날아가는 곤충에게는 줄무늬가 '깜박이는 것'으로 보인다. 정해진 속도로 깜박거리는 전등과 같은 효과를 내는 것이다. 곤충의 눈으로 보는 세상은 사람이 보는 것과 너무나 다르다. 어떻게 해야 난초가 말벌 암컷을 '완벽하게' 흉내 낼 수 있을지를 논할 때, 사람의 경험을 근거로 이야기하는 것은 억측일 수밖에 없다.

말벌은 프랑스의 위대한 박물학자 파브르(Jean Henri Fabre)가 처음 실험을 시도한 이후, 틴버겐 학파를 포함한 여러 명의 연구자들이 사용한 고전적인 실험 대상이다. 나나니벌 암컷은 먹이를 쏘아서 마취시킨 후 집으로 끌고 온다. 그런 다음 그것을 밖에 놓아둔 채, 집 안으로 들어가서 이상이 없는지를 확실하게 확인하고 나서 먹이를 끌고 들어가려고 다시 나타난다. 땅에 구멍을 파서 만든 집 속에 말벌이 들어가 있는 동안에, 먹이를 말벌이 놓아 둔 곳에서 몇 센티미터 떨어뜨려 놓는다. 집에 들어갔다 나온 말벌은 먹이가 없어진 것을 알아채고 그것을 재빨리 다시 찾는다. 그런 다음 그것을 끌고 와서 자기 집 입구에 다시 갖다 놓는다. 말벌이 집을 조사한 지 몇 초밖에 지나지 않았다. 그러므로 우리는 당연히 말벌이 작업 과정의 다음 단계, 즉 먹이를 안으로 끌고 들어가서 그 다음 일을 하는 것으로 넘어가지 않을 이유가 없다고 생각한다. 그러나 말벌의 행동 프로그램은 초기 단계로 다시 넘어간다. 말벌은 먹이를 다시 입구에 놔두고 집 안을 한 번 더 조사한다. 실험자가 싫증이 나서 그만둘 때까지 이 짓을 40번이나 되풀이했다. 말벌은 이미 40번이나 빨래를 했다는 사실을 '인식하지' 못하고 프로그램의 초기 단계로 다시 돌아가 자동 세탁기처럼 행동했다. 뛰어난 컴퓨터 공학자 더글러스 호프스태터(Douglas Hofstadter)는 그런 유연하지 못한, 기계적인 자동화를 가리키는 형용사로 'sphexish'라는 단어를 새로 만들었다(*sphex*는 나나니벌의 대표적인 속(屬)의 이름이다.). 따라서 최소한 몇 가지 면에서 말벌을 속이는 것은 쉽다. 난초의 경우와는 전혀 다른 종류의 속임수다. 그럼에도 불구하고 사람의 직관을 사용하여 "번식 전략이 성공하기 위해서는 처음부터 모든 것이 완벽해야 한다."라고 함부로 결론을 내리는 것은 위험한 일이다.

지금까지 내가 말벌을 쉽게 속일 수 있다는 것을 설득력 있게 이야기했는지 모르겠다. 독자들은 내게 편지를 보낸 목사의 생각과는 정반대의 의심을 키워 왔을 수도 있다. 곤충의 시력이 그렇게 형편없다면, 그리고 말벌이 그렇게 속이기 쉽다면, 왜 난초는 말벌을 그렇게까지 빼닮은 꽃을 만들려고 그 고생을 했을까? 그렇다. 말벌의 시력이 모든 면에서 그렇게 형편없는 것은 아니다. 말벌의 시력이 상당히 뛰어난 것처럼 보이는 상황도 있다. 말벌이 사냥하러 오랫동안 날아다닌 다음 자기 집을 찾을 때와 같은 경우다. 틴버겐은 꿀벌을 사냥하는 나나니벌인 필란투스(*Philanthus*) 속을 가지고 다음과 같은 연구를 했다. 그는 나나니벌이 자기 집으로 들어갈 때를 기다렸다. 나나니벌이 다시 나타나기 전에 틴버겐은 재빠르게 나뭇가지나 솔방울 같은 어떤 '표시'가 될 만한 물건을 굴 입구 주변에 둘러놓았다. 그런 다음 물러나서 나나니벌이 다시 밖으로 날아가기를 기다렸다. 나나니벌은 자기 집에서 나와서 마치 그 지역을 마음으로 사진 찍는 것처럼, 집 주위를 두세 번 원을 그리며 날았다. 그런 다음 먹이를 찾으러 날아갔다. 나나니벌이 날아가고 난 후, 틴버겐은 나뭇가지와 솔방울을 몇 미터 떨어진 곳으로 옮겼다. 돌아온 나나니벌은 나뭇가지와 솔방울이 옮겨진 곳이 자기 집이라고 생각하고 그 위치의 모래땅에 내려앉았다. 어떤 의미에서는 나나니벌이 또 한 번 '속은' 것이다. 그러나 이번에는 나나니벌의 시각에 대해 우리가 인정해 줄 만한 여지가 생겼다. 집을 떠나기 전에 주위를 두세 번 선회하는 동안 정말로 나나니벌은 '마음으로 사진을 찍는' 것처럼 보였다. 나나니벌은 나뭇가지와 솔방울이 놓여 있는 '형태'를 인식하는 듯했다. 틴버겐은 솔방울로 원을 만드는 등 여러 종류의 표시를 사용해 같은 실험을 되풀이했다. 결과는 한결같았다.

이제 틴버겐의 제자 제러드 베이렌즈(Gerard Baerends)의 실험에 관해 이야기해 보자. 이것은 파브르의 '자동 세탁기' 실험과 큰 대조를 이룬다. 베이렌즈가 실험에 사용한 나나니벌은 아모필라 캄페스트리스(*Ammophila campestris*)라는 종으로, 파브르가 이미 연구한 바 있다. 이 종은 특이하게도 '미래를 내다보며 식량을 준비하는 습성'을 갖고 있다. 대부분의 나나니벌은 집에다 식량을 마련해 놓고 알을 하나 놓는다. 그런 다음 집을 봉하고 애벌레가 제 스스로 그 음식을 먹도록 내버려 둔다. 그러나 아모필라 캄페스트리스는 다르다. 그놈은 새들처럼 매일 집에 돌아와 애벌레가 잘 있는지를 살핀다. 그리고 필요하면 음식을 더 가져다준다. 지금까지는 별로 특별한 것이 없다. 그런데 암컷이 동시에 두 개 또는 세 개의 집을 가질 수 있다는 것이 다르다. 어떤 집에는 비교적 큰 거의 다 자란 애벌레가 있고, 다른 집에는 갓 낳은 작은 애벌레가 있다. 또 다른 한 집에는 중간 연령과 중간 크기의 애벌레가 있다. 세 집에서 필요한 음식량도 자연히 다르다. 어미는 거기에 맞춰 음식을 날라다 준다. 집에 들어 있는 내용물을 바꾸는 수고스러운 실험들을 통해 베이렌즈는 어미 나나니벌이 각각의 집에 필요한 먹이를 고려해서 각기 다른 양을 공급하는 것처럼 행동한다는 사실을 입증했다. 이것을 보면 나나니벌이 영리한 것처럼 보인다. 하지만 베이렌즈는 이것이 영리한 것이 아니라 매우 기묘하고, 사람의 생각과는 잘 어울리지 않는 방식으로 이루어진다는 점을 발견했다. 매일 아침, 어미 나나니벌이 하는 첫 번째 일은 자기가 돌보고 있는 집들을 한 번씩 돌아보는 일이다. 그날의 나머지 시간 동안 얼마만큼의 음식을 날라다 줄지를 결정하는 것은 새벽 순회 때 각각의 집 상태가 어떠한가이다. 새벽 순회 후, 베이렌즈는 시간 나는 대로

집의 내용물을 바꾸었다. 그러나 이것이 어미 나나니벌의 먹이 나르는 행동에 영향을 주지는 못했다. 마치 새벽에 집들을 돌아보는 동안만 먹이 할당량 측정기를 켜 놓고, 나머지 시간에는 전기를 아끼려고 그것을 꺼 버리는 것 같았다. 이 이야기는 어미 나나니벌의 머릿속에 수를 세고, 측정하고, 심지어 계산까지 하는 정교한 장치가 있다는 것을 암시한다. 이제 난초가 말벌 암컷을 속속들이 빼닮아야만 말벌의 뇌를 실제로 속일 수 있다는 말을 쉽게 믿을 수 있을 것이다.

하지만 동시에 베이렌즈의 이야기는 말벌이 자동 세탁기 실험에서 보여 준 것처럼 선택적인 맹목성과 어리석음을 갖고 있음을 시사한다. 따라서 난초가 말벌 암컷을 별로 닮지 않아도 말벌 수컷을 충분히 속일 수 있다는 말도 믿을 만하다. 우리가 배워야 할 교훈은 그런 문제를 다룰 때는 결코 인간의 기준으로 판단해서는 안 된다는 사실이다. "그렇고 그런 것이 점진적인 자연선택에 의해 진화할 수 있다고는 도저히 못 믿겠다."라고 절대 이야기하지 말 것이며, 다른 사람이 그렇게 이야기해도 진지하게 받아들이지 말아야 한다. 나는 이런 종류의 오류를 '개인적인 불신에서 비롯된 주장'이라고 부른다. 그것은 또 다른 더 복잡하고 난해한 지적인 경험을 위한 전주곡이었다.

내가 공격하는 사람들은 이렇게 주장한다. "그렇고 그런 것의 점진적인 진화는 일어날 수 없다."라고. 왜냐하면 그렇고 그런 것이 제 기능을 다하려면 그것은 '분명히' 완전하고 완벽해야 하기 때문이라는 것이다. 지금까지 나는 이것에 대한 대답으로, 말벌과 다른 동물이 세상을 보는 시각이 사람과는 전혀 다르다는 사실을 이야기했다. 어떤 경우에는 그 동물을 속이는 것이 어렵지 않다. 내가 전개하고 싶은 또 다른 주장이 있는데, 이것은 훨씬 더 설득력이 있고 더 일반적인 이야기다. 내게 편지를 보낸 목사가 말벌을 닮은 난초를 보고 충분한 근거도 없이 단언한 것처럼, 완벽해야만 제 기능을 다하는 어떤 장치를 표현하는 단어로 '깨지기 쉬운'이라는 말을 사용하자. 나는 중요한 사실을 한 가지 발견했다. '깨지기 쉬운' 어떤 장치를 생각해 낸다는 것이 실제로는 결코 쉽지 않다는 사실이다. 비행기는 깨지기 쉬운 장치가 아니다. 우리는 당연히 수많은 부품들이 완벽하게 갖춰져 잘 작동하는 보잉 747을 타고 싶어 한다. 하지만 여러 개 있는 엔진 중 한두 개가 고장나도 비행기는 여전히 날 수 있다. 현미경도 깨지기 쉬운 장치가 아니다. 왜냐하면 성능이 떨어져도 흐리고 어른거리는 상을 볼 수 있고, 현미경을 전혀 쓰지 않고 보는 것보다는 여전히 작은 물체를 더 잘 볼 수 있기 때문이다. 라디오도 깨지기 쉬운 장치가 아니다. 만약 어떤 결함으로 음질이 떨어지고 소리가 작아지고 찌그러질 수 있겠지만, 여전히 무슨 말을 하는지는 알아들을 수 있기 때문이다. 나는 창문 밖을 10분 동안 뚫어져라 응시하면서, 사람이 만든 도구 중에서 정말로 깨지기 쉬운 것이 뭐가 있을까 생각해 내려고 애를 썼다. 그리고 딱 한 가지를 생각해 냈다. 그것은 바로 아치교다. 아치교는 양쪽을 동시에 세워야 강도와 안정성을 유지할 수 있다는 의미에서 확실히 깨지기 쉬운 특성이 있다. 다리 양쪽을 동시에 세우지 않으면 어느 쪽도 서 있을 수 없다. 따라서 아치교는 일종의 받침대를 이용해서 만든다. 받침대는 아치교가 완성되기 전까지 일시적인 지지 기능을 한다. 다리를 완성하면 받침대를 제거한다. 그 후 아주 오랫동안 아치교는 안정된 상태를 유지한다.

　인간이 만든 어떤 장치가 원칙적으로 깨지기 쉬워서는 안 될 이유는 없다. 기술자가 설계도상에 50퍼센트의 완성도만으로는 전혀 기능을 발휘하지 못하도록 기계를 설계하는 것은 자유다. 그러나 공학 분야에서 정말로 깨지기 쉬운 장치를 찾는 것은 대단히 어렵다. 살아 있는 장치에서는 더욱더 그렇다고 생각한다. 창조론자들이 자신의 주장을 옹호하는 데 사용할 만한 이른바 깨지기 쉬운 장치를 생물계에서 한 번 찾아보자. 말벌과 난초의 예는 단지 환상적인 의태(擬態) 현상에 지나지 않는다. 많은 수의 동물과 일부 식물이 다른 동물이나 식물 등 다른 대상을 닮아서 이득을 본다. 거의 모든 생물이 의태를 통해 번성하거나 쇠퇴했다. 먹이를 잘 잡기 위한 의태를 살펴보자. 호랑이나 표범이 그늘진 숲에서 먹이를 노리고 있을 때는 거의 보이지 않는다. 아귀는 바다의 밑바닥에 숨어 있으면 잘 구별할 수 없다. 그렇게 숨어서 머리에 달린 기다란 '낚싯대' 끝에 꼬물거리는 벌레를 쏙 빼닮은 가짜 미끼를 달아서 먹이를 유인한다. '팜므 파탈(femmes fatales, 악녀—옮긴이)' 같은 반딧불이는 다른 종의 구애 신호를 흉내 낼 줄 안다. 그 가짜 깜박거림에 수컷이 속아 걸려들면 잡아먹는다. 검치베도라치는 큰 물고기를 청소해 주는 일을 전문으로 하는 다른 물고기를 흉내 낸다. 일단 접근할 수 있는 특권을 얻으면 그 고객의 지느러미를 물어뜯는다. 잡아먹히지 않기 위한 의태에는 어떤 것이 있는가. 먹이가 되는 동물들은 나무껍질, 나뭇가지, 살아 있는 잎, 죽어서 마른 잎, 꽃, 장미의 가시, 해초의 엽상체, 돌, 새똥, 독이 있다고 알려진 다른 동물 등 여러 가지를 닮는다. 포식자를 유인해서 새끼에게서 멀리 떼어 놓기 위한 의태도 있다. 뒷부리장다리물떼새처럼 땅에 둥지를 트는 많은 새들이 날개가 부러진 새의 태도와 걸음걸이를 흉내 낸다. 또 양육을 남에게 떠넘기기 위한 의태도 있다. 뻐꾸기의 알은 자신이 기생하는 특정한 숙주 종의 알을 닮았다. 입 안에서 알이나 새끼를 기르는 열대어 중 어떤 종의 암컷은 옆구리에 가짜 알 무늬가 있어서 이것으로 수컷을 유인한 다음 수컷이 진짜 알을 입 속에 넣고 그것을 기르게 만든다.

이 모든 경우에 의태가 완벽하지 않으면 실패할 것이라고 생각하기 쉽다. 말벌과 난초라는 특별한 경우에서, 나는 말벌의 지각력이 불완전하다는 사실과 의태로 인한 다른 불행을 이야기했다. 사실 내가 보기에는 난초가 말벌이나 꿀벌, 또는 파리를 닮는 것이 그리 섬뜩할 정도로 놀랍지는 않다. 나뭇잎에 붙어 사는 곤충이 나뭇잎을 닮은 것이 내가 보기에는 훨씬 더 정교하다. 그것은 아마 그 곤충이 나뭇잎을 흉내 내어 피하려는 대상인 포식자(아마 새일 것이다.)의 눈이 내 눈과 많이 닮았기 때문일 것이다.

하지만 의태가 완벽해야만 제 기능을 발휘할 수 있다는 주장이 틀렸다고 하는 데는 더 일반적인 이유가 있다. 가령 포식자의 눈이 아무리 날카로워도 시각이 성립하기 위한 주변 조건이 항상 완벽할 수는 없다. 더욱이 시각이 성립하기 위한 조건은 전혀 볼 수 없는 상황에서부터 완벽하게 볼 수 있는 상황까지 연속적으로 변할 수 있다. 정말로 잘 알고 있어서 결코 다른 것으로 오인할 수 없는 어떤 물체를 생각해 보라. 아니면 너무나 절친하기 때문에 결코 다른 사람으로 오인할 수 없는, 가까운 친구와 같은 어떤 사람을 생각해 보라. 그 사람이 저 멀리서 걸어온다고 상상해 보자. 너무 멀어서 전혀 알아볼 수 없는 거리가 있을 것이다. 그리고 너무 가까워서 머리카락 하나하나, 눈썹 하나하나가 다 보이는 거리가 있을 것이다. 그 중간에 있는 지점들 중에 갑자기 상황이 바뀌는 곳은 없다. 그 사람의 모습은 점차적으로 나타났다가 점차적으로 사라진다. 소총수가 읽어야 할 훈련 지침서에는 다음과 같이 씌어 있다. "200미터 떨어진 곳에서는 사람의 모든 신체 부위가 뚜렷이 보인다. 300미터 떨어진 곳에서는 얼굴의 윤곽이 흐려진다. 400미터 떨어지면 얼굴이 안 보인다. 600미터에서는 머리는 점으로 보이고 몸뚱이는 가는 선으로 보인다. 더 알고 싶은 것은?" 천천히 다가오는 친구의 경우에는 갑자기 그를 알아볼 수 있게 되는 어떤 거리가 있다. 이 경우에는 거리가 가까워짐에 따라 갑자기 알아볼 수 있는 확률이 점차 높아지는 것이다.

　거리가 멀어지면 대상은 어떤 식으로든 점진적으로 흐려진다. 그것은 틀림없이 점진적이다. 흉내 낸 것과 그 원형(原形)의 닮음 정도가 어떠하든, 닮은 데가 거의 없든, 아니면 거의 쏙 빼닮았든, 포식자의 눈을 잘 속일 수 있는 거리와 그보다 약간 짧아서 잘 속지 않을 거리가 반드시 있다. 따라서 진화가 진행됨에 따라 의태가 완벽해지면 속일 수 있는 임계(臨界) 거리가 점점 더 짧아지기 때문에 자연선택의 과정에서 도태되지 않을 것이다. 나는 '속일 필요가 있는 대상의 눈'을 대신하는 말로 '포식자의 눈'을 사용했다. 어떤 경우에는 그것이 먹이의 눈일 수도 있고, 대리 부모의 눈일 수도 있고, 암컷 물고기의 눈일 수도 있다.

　어린이를 대상으로 한 대중 강연에서 이 효과를 시범해 보인 적이 있다. 옥스퍼드 대학교 박물관에 있는 나의 동료 조지 맥거빈(George McGavin) 박사가 친절하게도 나를 위해 나뭇가지와 낙엽과 나방이 깔린 '숲의 바닥' 모형을 만들어 주었다. 그 위에 그는 10여 마리의 죽은 곤충을 교묘하게 배치했다. 이것들 중에서 파란색 금속 광택이 나는 풍뎅이 같은 것들은 확실히 눈에 잘 띄었다. 자벌레나 나뭇잎나비 따위는 더없이 훌륭하게 위장되었다. 갈색바퀴벌레 등은 그 중간이었다. 어린이에게 멀찌감치 떨어진 곳에서 천천히 모형을 향해 걸어오면서 곤충들을 찾아보고, 하나하나 찾을 때마다 소리를 지르라고 했다. 어린이들을 모형에서 충분히 떨어뜨려 놓았을 때, 그들은 눈에 잘 띄는 곤충조차도 알아보지 못했다. 아이들은 모형에 접근하면서 맨 먼저 눈에 잘 띄는 곤충을 알아보았고, 그 다음 중간 정도의 가시도(可視度)를 가진 바퀴벌레를 알아보았고, 마지막으로 위장이 잘 된 곤충들을 알아보았다. 가장 위장이 잘 된 곤충들은 아주 가까운 거리에서 봐도 찾지 못했다. 내가 손으로 지적했을 때에야 비로소 알아보는 경우도 있었다.

거리만으로 이런 종류의 주장을 할 수 있는 것은 아니다. 조도(照度)도 하나의 예가 될 수 있다. 거의 아무것도 보이지 않는 칠흑 같은 밤에는 원형과 조금만 닮아도 검문을 통과할 수 있다. 해가 쨍쨍한 대낮에는 꼼꼼하고 정확하게 닮지 않고서는 발각되고 말 것이다. 이 두 상황의 중간에 새벽과 황혼녘이 있고, 흐린 날과 안개 긴 날, 폭풍우가 몰아치는 날이 있다. 가시도는 이렇게 매끄럽고 끊어지지 않는 연속선에 의해 변한다. 조도에 의해 의태인지 아닌지가 밝혀지는 정도가 점차적으로 변함에 따라 무언가를 흉내낸 동식물은 자연선택의 과정에서 일정한 혜택을 받을 것이다. 왜냐하면 의태가 그 원형을 어떤 정도로 닮았다면, 그 정도의 닮음으로도 생사를 달리할 수 있는 어떤 수준의 가시도, 또는 조도가 있기 때문이다. 진화가 진행됨에 따라 점차적으로 정교해지는 의태는 생존하는 데 그만큼 유리하다. 왜냐하면 포식자를 속일 수 있는 임계 조도가 점점 밝아질 것이기 때문이다.

마찬가지의 상황이 시야의 넓이에 의해서도 만들어질 수 있다. 곤충의 의태가 훌륭하든 형편없든 간에, 어떤 경우에는 곤충의 영상이 포식자가 바라보는 시야의 주변부에 맺힐 수 있고, 어떤 경우에는 무정하게도 바로 정면에 잡힐 수도 있다. 시야의 가장자리에 치우쳐 있을 경우에는 형편없는 의태로도 위기를 모면할 수 있을 것이고, 시야의 정중앙에 잡힐 경우에는 아주 정교한 의태여도 위태로울 수 있다. 이 두 가지 상황의 중간에 영상이 점차적으로 또렷해지는, 시야에 자리 잡은 각도의 연속선이 있다. 어떤 완벽한 의태의 수준이 있다면, 그것보다 약간 더 닮거나 덜 닮는 것이 생사를 결정하는, 시야에서의 임계각이 있을 것이다. 진화가 진행됨에 따라 의태의 질이 점차적으로 나아지면 그만큼 유리하다. 왜냐하면 포식자를 속일 수 없는 임계각이 점점 더 좁아질 것이기 때문이다.

포식자의 시력과 뇌는 또 다른 조건으로 생각할 수 있다. 나는 이미 이 장의 앞부분에서 이것에 대한 힌트를 제시했다. 원형(原形)과 의태의 닮음 정도가 어느 수준이든, 속일 수 있는 눈과 속일 수 없는 눈이 있다. 진화가 진행되면서 의태의 질이 점차적으로 나아지면 그만큼 유리하다. 왜냐하면 더 날카로운 시력을 가진 포식자의 눈을 속일 수 있기 때문이다. 여기서 의태가 정교해짐에 따라 포식자의 시력도 거기에 맞춰 좋아진다고 말하는 것은 아니다. 그럴 수도 있지만 말이다. 단지 눈이 좋은 포식자도 있고 나쁜 포식자도 있다는 말이다. 이 모든 포식자들이 다 위험하다. 의태가 형편없으면 단지 눈이 나쁜 포식자만 속일 수 있다. 훌륭한 의태는 거의 모든 포식자를 속일 수 있다. 이 두 상태 사이에 매끄러운 연속선이 있다.

좋은 눈과 나쁜 눈 이야기를 하고 나니 창조론자들이 좋아하는 질문이 생각난다. 절반의 눈이 무슨 소용이 있을까? 완벽하지 않은 눈이 자연선택 과정에서 어떻게 혜택을 받을 수 있을까? 전에 이 문제를 다룬 적이 있다. 그때 동물계의 여러 문(분류의 단계 중 하나—옮긴이)에 실제로 존재하는 여러 예를 들어 완벽한 눈으로 가는 중간 단계들의 연속체를 제시했다. 여기서 이론적으로 만든 연속체의 항목에 눈을 통합시킬 것이다. 눈을 가지고 할 수 있는 일에도 연속체가 있다. 나는 지금 눈을 사용해 컴퓨터 모니터에 나타나는 글자들을 인식하고 있다. 그 일을 하려면 매우 정확하고 좋은 시력이 필요하다. 나는 안경 없이는 글을 읽을 수 없을 정도로 나이를 먹었다. 아직은 도수가 그리 높지는 않지만 말이다. 나이를 더 먹으면, 의사의 처방전에 적힌 도수도 올라갈 것이다. 안경을 쓰지 않고 가까이 있는 물체를 알아보는 일이 점차적으로 어려워질 것이다. 여기에 또 다른 연속체, 즉 나이의 연속체가 있다.

아무리 노인이라도 보통 사람은 곤충보다는 좋은 시력을 갖고 있다. 보통 사람보다 시력이 나쁜 사람이나 거의 장님에 가까운 사람이라도 할 수 있는 일이 있다. 예를 들면 희미한 시력으로도 테니스를 칠 수 있다. 테니스공은 상당히 큰 물체여서 초점이 맞지 않더라도 그것의 위치와 움직임을 볼 수 있기 때문이다. 잠자리의 눈은 우리 기준으로 보면 형편없지만 곤충의 기준에서 보면 뛰어난 축에 든다. 잠자리는 날고 있는 곤충을 사냥하는데, 이것은 테니스공을 맞추는 것만큼 힘든 일이다. 훨씬 나쁜 눈으로도 벽에 충돌하거나 절벽에서 떨어지거나 강에 빠지는 일을 피할 수 있다. 훨씬 더 나쁜 눈으로도 머리 위로 다가오는 그림자가 구름인지 포식자인지 구별할 수 있다. 그보다 훨씬 나쁜 눈으로도 밤인지 낮인지를 구별할 수 있다. 이것은 다른 무엇보다도 번식기를 맞추거나 언제 잠을 자야 하는지를 아는 데 유용하다. 아주 형편없는 것에서부터 매우 뛰어난 것에 이르기까지, 어떤 수준에서 눈의 성능이 정해져 있다면 그 눈으로 할 수 있는 일의 연속체가 있다. 약간이라도 개선된 눈은 그만큼의 이득을 가져다준다. 그리고 그 이득은 생사를 결정할 수도 있다. 따라서 원시적이고 조잡한 눈에서 시작하여 매끄럽고 연속적인 중간 단계를 거쳐 매나 젊은 사람이 가지고 있는 완벽한 눈에 이르는 점진적인 진화를 이해하는 것은 어렵지 않다.

따라서 "절반의 눈이 무슨 소용이 있겠는가?"라는 창조론자들의 질문에는 답하기 쉽다. 절반의 눈은 49퍼센트 눈보다 1퍼센트 더 좋고, 49퍼센트 눈은 48퍼센트 눈보다 더 좋다. 그 차이는 중요하다. 다음과 같은 불가피한 보충 질문은 더 많은 비중을 차지한다. "물리학자인 나는 무(無)에서 시작해 눈처럼 복잡한 기관이 진화하기에는 시간이 충분하지 않다고 생각한다. 정말로 시간이 충분하다고 생각하는가?"● 앞의 두 질문은 모두 개인적인 불신에서 비롯된 주장을 근간으로 하고 있다. 그럼에도 불구하고 청중은 진정한 답을 알고 싶어 한다. 나는 이런 질문을 받을 경우 대개 엄청난 지질학적 시간을 이야기한다. 한 발짝이 1세기를 나타낸다고

하면, 기원후 지금까지의 전체 시간은 크리켓 경기장의 폭만큼 압축된다. 같은 비율로 다세포 생물이 처음 출현한 때로 거슬러 올라가려면, 뉴욕에서 샌프란시스코까지의 거리를 걸어야 한다.

　　이제 지질 시대의 엄청난 규모는 마치 땅콩을 증기 해머로 부수는 것과 같이 느껴질 것이다. 한쪽 해안선에서 출발한 후 대륙을 가로질러 반대쪽 해안선까지 터벅터벅 걷는 모습은 눈의 진화에 걸린 시간을 극적으로 표현한다. 그러나 한 쌍의 스웨덴 과학자 단 닐손(Dan Nilsson)과 수잔 페글레르(Susanne Pegler)가 최근에 연구한 바에 따르면, 그 긴 시간 중에서 터무니없이 작은 부분으로도 완벽한 눈이 진화하기에 충분하다고 한다. 어쨌든 누군가 '눈'이라고 이야기했을 때, 그것은 척추동물의 눈을 의미한다. 그러나 이미지를 형성하는 쓸 만한 눈은 여러 무척추동물 집단에서도 독립적으로 여러 차례 발생했다. 그 회수는 40과 60의 중간이다. 이 40번 이

● 이 일에 기분 상하지 않길 비란다. 내 주장을 뒷받침하기 위해 나는 《과학과 기독교 신앙》(1994년, 16쪽)에 실린 저명한 물리학자 존 폴킹혼(John Polkinghorne) 목사의 글에서 다음 부분을 인용했다. "리처드 도킨스와 같은 이는 작은 차이가 쌓여 대규모의 발전이 이루어지는 방법에 관해 설득력 있는 설명을 할 수 있다. 하지만 그런 설명을 듣는 즉시, 물리학자들은 희미하게나마 빛을 감지할 수 있는 하나의 세포에서 출발하여 완전한 곤충의 눈이 진화하려면 얼마나 많은 단계를 거쳐야 하며, 필요한 돌연변이가 일어나기 위해 얼마나 많은 세대가 필요한지 대략적으로나마 알고 싶어 할 것이다."

상의 독자적인 진화 중에서 뚜렷히 구분할 수 있는 설계 원리로 최소한 아홉 가지가 발견되었다. 이중에는 바늘구멍 사진기의 원리, 두 가지 방식의 카메라눈, 곡면 반사경(위성 안테나)눈, 그밖의 여러 종류의 겹눈이 포함된다. 닐손과 페글레르는 척추동물이나 문어 등에서 잘 발달된, 렌즈가 달린 카메라눈에 연구를 집중했다.

그만큼의 진화적인 변화가 일어나려면 대략 얼마나 시간이 걸릴 거라고 예상하는가? 우선 각 진화 단계의 크기를 측정할 수 있는 단위를 설정해야만 한다. 이것은 이미 완성되어 있는 것에 몇 퍼센트 근접했는가로 표현하는 것이 적절하다. 닐손과 페글레르는 해부학적인 변화의 양을 측정하는 단위로 1퍼센트라는 숫자를 사용했다. 이것은 특정한 양의 일을 하는 데 필요한 에너지의 양이라고 정의하는 칼로리(cal)라는 단위처럼, 단지 편의상 정한 단위다. 변이가 모두 1차원 안에 있을 때에는 1퍼센트라는 단위를 사용하는 것이 가장 쉽다. 있을 법하지 않은 사건이지만, 자연선택에 의해 극락조의 꼬리가 계속 길어진다고 할 때, 그 길이가 1미터에서 시작하여 1킬로미터가 되려면 몇 단계를 거쳐야 할까? 매일 조류를 관찰하는 사람이라 해도 꼬리의 길이가 1퍼센트 길어진 것은 구별하지 못할 것이다. 어쨌거나 꼬리의 길이가 1킬로미터가 되기까지는 700번 이하라는 놀랄 만큼 적은 단계를 거친다.

꼬리의 길이를 1미터에서 1킬로미터까지 늘리는 것은 (매우 우 스꽝스럽지만) 그렇다 치고, 눈의 진화는 같은 단위로 어떻게 표현할 수 있을까? 문제는 눈의 경우에 여러 다른 부위에서 동시에 여러 가지 사건이 함께 진행되어야 한다는 것이다. 닐손과 페글레르는 두 가지 질문에 답하기 위해 눈의 진화를 재현하는 컴퓨터 모델을 만들었다. 첫 번째 질문은 앞서 나온 내용에서 우리를 여러 번 괴롭힌 것인데, 그들은 그것을 컴퓨터를 이용하여 좀 더 체계적으로 질문했다. 그것은 "평평한 피부에서 출발하여 완전한 카메라눈에 이르는 매끄러운 변화 과정에서, 그 과정에 있는 모든 중간 단계가 전 단계에 비해 개선된 것인가?"이다(사람 설계자와는 달리 자연선택은 내려갈 줄 모른다. 심지어 계곡의 저편에 더 높은 능선이 있을지라도 말이다.). 두 번째 질문은 지금 하고 있는 이야기의 첫머리에 꺼냈던 질문으로, 필요한 양만큼 진화적인 변이가 일어나려면 과연 시간이 얼마나 걸릴까 하는 것이다.

닐손과 페글레르는 그들이 만든 컴퓨터 모델에서, 세포 안에서 일어나는 일까지 시뮬레이션하려고는 하지 않았다. 그들은 빛을 감지하는 세포 하나를 만들어 이야기를 시작했다. 그것을 시세포(視細胞)라고 불러도 무방하다. 나중에 또 다른 컴퓨터 모델을 사용하여, 단계적인 변화를 거쳐 최초의 시세포가 만들어지는 과정을 세포 내부의 수준에서 시뮬레이션하는 것도 좋을 것이다. 닐손과 페글레르는 일단 시세포를 하나 만들어 놓고 시작했다. 그들은 개개의 세포 수준이 아니라 세포들로 이루어진 덩어리, 즉 조직의 수준에서 일을 진행시켰다. 피부는 일종의 조직이다. 내장의 상피(上皮), 간과 근육도 마찬가지다. 조직들은 무작위적인 돌연변이를 통해 여러 가지 방식으로 변할 수 있다. 조직의 넓이는 넓어질 수도 있고 좁아질 수도 있다. 조직의 두께는 두꺼워질 수도 있고 얇아질 수도 있다. 특별히 수정체 조직과 같이 투명한 조직의 경우는 두께 변화에 따라 굴절률이 달라진다.

치타의 빠른 다리와는 달리 눈의 진화를 시뮬레이션할 때의 장점은, 몇 가지 기본적인 광학 원리만을 사용하여 그 효과를 쉽게 측정할 수 있다는 것이다. 눈을 2차원 단면으로 나타낸 다음 컴퓨터는 시각의 날카로움, 또는 해상력(解像力)을 간단히 계산하여 그것을 숫자로 나타낼 수 있다. 치타의 다리나 등뼈의 효율성을 숫자로 환산하여 표현하는 것은 훨씬 어렵다. 닐손과 페글레르는 평평한 색소층 위에 평평한 망막이 있고, 그 위에 보호 기능을 하며 빛을 투과시킬 수 있는 평평한 층이 있는 원시적인 눈에서 출발했다. 투명층에서는 국부적으로 굴절률의 무작위 돌연변이가 일어나도록 했다. 그런 다음 그 모델의 형태가 무작위로 변형되도록 했다. 이때 조건은 어떤 변화든 커서는 안 되며, 전의 것보다는 개선된 것이어야 했다.

결과는 신속하고 명확했다. 컴퓨터 모니터에 나오는 형태는 최초의 평평한 것에서 약간 오목한 것을 거쳐 꾸준히 깊어지는 컵 모양으로 변해 갔으며, 그에 따라 해상력도 꾸준히 올라갔다. 투명층은 두꺼워져 컵 안을 채웠으며, 바깥 표면은 곡선을 그리며 볼록하게 튀어나왔다. 그런 다음 거의 마술처럼 이 투명층의 일부가 공 모양으로 응축해 굴절률이 더 높은 소구역으로 분화했다. 굴절률이 일률적으로 높아지는 것이 아니라, 공 모양의 구역이 '굴절률이 변하는 뛰어난 렌즈'처럼 기능한 것이다. '굴절률이 변하는 렌즈'는 광학 기술자들에게는 낯선 말이지만 생물계에는 흔하다. 사람들은 유리를 특정한 형태로 갈아서 렌즈를 만든다. 요즘은 복합 렌즈를 만드는데, 이것은 오늘날의 카메라에서 흔하게 볼 수 있는 엷은 보라색을 띤 값비싼 렌즈로 여러 개의 렌즈를 합쳐서 만든 것이다. 복합 렌즈에 들어 있는 각각의 렌즈는 전체가 단일한 유리로 만들어진 것이다. 이와는 대조적으로 '굴절률이 변하는 렌즈'는 렌즈 자체의 굴절률이 연속적으로 변한다. 대개 렌즈의 중심부가 높은 굴절률을 갖는다. 물고기의 눈은 '굴절률이 변하는 렌즈'를 갖고 있다. '굴절률이 변하는 렌즈'에서는 렌즈의 초점 거리와 지름의 비가 특정한 이론적인 최적 수치가 되었을 때 색 수차가 가장 적다는 것을 사람들은 오래전부터 알고 있었다. 이 비율을 '매티에센의 비(Mattiessen's ratio)'라고 부른다. 닐손과 페글레르의 컴퓨터 모델은 어김없이 매티에센의 비를 찾아갔다.

따라서 이제는 이 모든 진화적 변이가 일어나려면 세월이 얼마나 걸리는가 하는 질문만 남았다. 이 질문에 답하기 위해 닐손과 페글레르는 자연 집단에 적용되는 유전 원리에 대해 몇 가지 가정을 수립했다. 그들은 자신들의 모델에 '유전도(heritability)'와 같은 그럴듯한 정량적 수치를 입력했다. 유전도란 어떤 변이가 유전에 의한 영향을 얼마나 받는가 하는 수치다. 이것을 측정하기 위해 흔히 사용하는 방법은 단일 배에서 만들어진 쌍둥이(일란성 쌍둥이)가 보통의 쌍둥이들과 비교해 서로를 얼마나 많이 닮았는가를 알아보는 것이다('보통의 쌍둥이'란 말이 생소하게 들리겠지만, 돼지처럼 한 배에서 여러 마리의 새끼를 낳는 동물은 한 배에서 낳은 새끼들 모두가 쌍둥이다. 이들 중 하나의 수정란이 갈라져 만들어진 쌍둥이, 즉 일란성 쌍둥이를 제외한 나머지 쌍둥이들을 저자는 '보통의 쌍둥이'라고 말한 것 같다. —옮긴이). 어떤 연구에 따르면 남자의 다리 길이가 갖는 유전도는 77퍼센트라고 한다. 유전도가 100퍼센트라는 말은 일란성 쌍둥이 중 한 명의 다리 길이를 알면 다른 한 명의 다리 길이는 재 보지 않아도 알 수 있음을 뜻한다. 그들이 따로 떨어져 양육되었어도 말이다. 유전도가 0퍼센트라는 말은 일란성 쌍둥이의 다리 길이는 서로 비슷하지 않으며, 그들이 속한 집단의 구성원 중 아무하고나 비교하는 것과 같다는 것을 의미한다. 사람의 경우, 머리 폭의 유전도는 95퍼센트로 측정되었으며, 앉은키는 85퍼센트, 팔 길이는 80퍼센트, 선키는 79퍼센트라고 한다.

유전도는 대개 50퍼센트 이상이다. 닐손과 페글레르는 안심하고 그들의 눈 모델에 50퍼센트의 유전도를 입력했다. 이것은 조심스러운, 또는 '비관적인' 가정이다. 더 실제적인 가정, 이를테면 70퍼센트와 비교할 경우 비관적인 가정은 눈이 진화하는 데 걸리는 시간을 추정할 때 그 최종적인 추정값을 증가시키는 경향이 있다. 그들은 일부러 그 시간이 길게 나오게 했다. 왜냐하면 눈과 같이 복잡한 어떤 것이 진화하는 데 시간이 조금 걸린다고 하면 우리는 즉각 그것을 의심하기 때문이다.

마찬가지 이유로 그들은 변이계수(개체군 내에서 일반적으로 얼마나 많은 변이가 일어나는가 하는 수치), 그리고 자연선택의 강도(시력의 개선이 개체의 생존에 얼마나 이익을 줄 수 있는가 하는 양)에도 비관적인 수치를 집어넣었다. 그들은 심지어 한 세대에서는 한 부분만 변한다고 가정했다. 즉 진화 속도를 급격하게 증가시키는, 눈의 여러 부분에서 동시에 변화가 일어나는 경우는 배제했다. 그러나 이러한 조심스러운 가정에도 불구하고 평평한 피부에서 물고기의 눈이 진화하는 데 걸리는 시간은 40만 세대 이하로 길지 않았다. 우리가 논하는 작은 동물의 경우는 1년에 1세대가 지난다고 가정할 수 있다. 따라서 훌륭한 성능의 카메라눈이 진화하는 데는 50만 년 이하가 걸리는 것이다.

닐손과 페글레르가 이끌어 낸 결과를 볼 때, 동물계에서 최소한 40번에 걸쳐 각각 독립적으로 눈이 진화했다는 사실은 의심의 여지가 없다. 어느 계통을 통하더라도 눈의 진화를 5,000번 반복할 수 있는 충분한 시간이 있다. 작은 동물에서의 전형적인 세대 길이를 가정하면, 눈이 진화하는 데 필요한 시간(아주 길 것이라고 쉽게 생각하지만 전혀 그렇지 않은)은 지질학자가 보기에는 너무 짧아서 측정할 수도 없을 정도다. 지질학적으로 볼 때 그것은 순간이다.

모르는 사이에 점차 나아지기. 진화의 핵심은 바로 점진성(漸進性)이다. 이것은 사실이라기보다는 원리다. 어떤 경우에는 진화의 어떤 작은 사건이 갑작스러운 전환점이 될 수도 있고, 그렇지 않을 수도 있다. 급속한 진화의 중간중간에 쉼표가 있을 수도 있고 (자손이 부모의 어느 쪽도 닮지 않은 경우) 뜻밖의 거대 돌연변이가 있을 수도 있다. 확실히 갑작스러운 단절이 있다. 이것은 아마 지구에 혜성이 충돌하는 것과 같은 거대한 천재지변에 의해 야기되었을 것이다. 이러한 공백은 포유류가 공룡의 자리를 대신했듯이, 빠르게 발전하는 후보 선수에 의해 채워진다. 진화가 실제 상황에서는 언제나 점진적이지는 않았을 것이다. 그러나 눈처럼 복잡하고 명백하게 설계된 것처럼 보이는 대상이 존재하게 된 과정을 설명할 때에는 진화가 반드시 점진적이어야 한다. 왜냐하면 그러한 경우에 그것이 점진적이지 않으면 전혀 설득력을 갖지 못하기 때문이다. 점진성이 없다면 우리는 기적으로 돌아가야만 한다. 그것은 설명을 전혀 하지 않는 것이나 마찬가지다.

말벌을 닮은 난초와 정교한 눈이 우리에게 설계된 피조물 같은 인상을 주는 이유는 그러한 일이 일어나지 않을 것 같기 때문이다. 우연에 의해 그러한 것들이 한꺼번에 만들어질 가능성은 너무나 적어서 실제 세계에서는 일어날 것 같지 않다. 각 단계가 행운이지만 너무나 우연한 것은 아닌, 작은 단계들을 통한 점진적인 진화가 그 수수께끼에 대한 해답이다. 따라서 점진적이지 않으면 그것은 그 수수께끼에 대한 해답이 아니다. 단지 수수께끼를 바꿔 말한 것에 불과하다.

그 점진적인 중간 단계가 어떤 것이었을까를 생각하는 것이 힘들다면 같이 생각해 볼 시간을 갖자. 그것은 우리가 가진 창의력에는 일종의 도전이다. 실패한다면 우리의 창의력은 훨씬 나쁘다고 생각할 수 있다. 그렇다고 해서 그것이 점진적인 중간 단계가 없다는 증거가 되지는 않는다. 점진적인 중간 단계를 생각할 때, 프리슈의 고전적 연구를 통해 발견된 저 유명한 '꿀벌의 춤'이야말로 우리의 창의력이 도전할 가장 어려운 문제일 것이다. 진화의 최종 산물이 너무 복잡해서, 너무나 정교해서, 그리고 곤충들이 일상적인 일이라고 생각하기에는 너무나 동떨어져서 중간 단계를 생각하기가 어려운 경우가 바로 이것이다.

꿀벌은 정교한 춤을 통해 꽃이 어디에 있는지를 서로에게 알려 준다. 먹이(꽃꿀)가 집에서 아주 가까운 곳에 있을 때에는 '원형

춤'을 춘다. 이것이 다른 벌들을 자극해서 집 근처를 수색하러 뛰쳐나가도록 만든다. 이것만 보면 별로 특별한 것은 없어 보인다. 하지만 먹이가 집에서 멀리 떨어진 곳에 있을 때에는 매우 특별한 일이 벌어진다. 먹이를 발견한 정찰 대원은 꽁무니를 흔들며 이른바 8자 춤을 춘다. 그 형태와 꽁무니를 흔드는 속도는 다른 벌들에게 먹이가 있는 곳의 방향과 거리를 알려 준다. 벌은 벌집의 수직면 위에서 춤을 춘다. 굴 속은 어둡다. 따라서 다른 벌들은 춤추는 모습을 볼 수가 없다. 그들은 촉각으로 느끼고 춤추는 벌이 규칙적으로 내는 소리를 듣는다. 춤은 가로지르는 8자 형태다. 8자 형태의 중심선이 가리키는 방향이 먹이가 있는 방향을 가리키는 암호다.

그러나 8자 춤의 중심선이 먹이가 있는 곳을 직접적으로 가리키지는 않는다. 벌집의 수직면에서 춤을 추기 때문에, 그리고 벌집이 늘어선 상태는 먹이가 있는 장소와는 상관없이 고정되어 있기 때문에 그렇게 될 수가 없다. 먹이의 위치는 지표의 수평면에 있다. 수직으로 선 벌집은 마치 벽에 고정시킨 지도와 같다. 벽에 걸린 지도에 그어진 어떤 선이 특정한 방향을 직접으로 가리키지는 않는다. 하지만 임의의 약속에 의해 그 방향을 읽을 수 있다.

벌들이 사용하는 약속을 이해하기 위해서는 먼저 벌들이 다른 곤충과 마찬가지로 태양을 나침반으로 이용해서 방향을 찾는다는 사실을 알아야 한다. 사람들도 대략적으로 방위를 알아낼 때 이 방법을 사용한다. 태양을 나침반으로 이용하는 방법은 두 가지 단점이 있다. 먼저 태양은 종종 구름 뒤로 숨는다. 벌들은 이 문제를 사람이 갖고 있지 않은 감각으로 해결했다. 이것을 발견한 사람 역시 프리슈다. 벌들은 빛이 편광되는 방향을 볼 수 있으며, 이것을 통해 태양이 보이지 않을 때에도 태양이 어느 쪽에 있는지를 알 수 있다. 태양을 나침반으로 사용할 때 생기는 두 번째 문제점은 시간이 흐름에 따라 태양이 하늘을 가로질러 '움직인다'는 것이다. 벌은 이 문제를 체내 시계를 통해 해결했다. 프리슈는 정찰 비행을 다녀온 후 벌통 속에 잡혀 여러 시간 동안 춤을 추고 있는 벌이, 시간이 지남에 따라 중앙의 곧은 선이 가리키는 방향을 천천히 회전시킨다는, 거의 믿기지 않는 사실을 발견했다. 마치 24시간에 한 바퀴를 도는 시계의 시침이 돌아가는 것과 같았다. 그들은 벌통 속에 있었기 때문에 태양을 볼 수 없었다. 그러나 그들은 분명히 밖에서 움직이고 있을 태양과 보조를 맞추기 위해 춤의 각도를 천천히 회전시켰다. 이것은 그들의 체내 시계가 말해 주는 것이다. 재미있게도 남반구 출신 꿀벌 종족들은, 당연히 그래야 하겠지만 똑같은 일을 반대 방향으로 한다.

이제 춤 신호 자체를 이야기해 보자. 벌집의 바로 위를 가리키는 춤은 먹이가 태양과 같은 방향에 있다는 뜻이다. 벌집 바로 아래를 가리키는 춤은 먹이가 태양과 정반대 방향에 있다는 뜻이다.(즉 수직선은 태양의 방향을 의미한다.—옮긴이) 그 중간의 모든 각도는 예상하는 바와 같다. 수직선에서 왼쪽으로 50도는 수평면에서 태양 방향으로부터 왼쪽으로 50도를 가리킨다. 그러나 춤의 정확도는 가장 근접한 각도와는 약간 차이가 있다. 왜 그래야만 할까? 방위를 360도로 나누는 것은 순전히 사람들만의 임의의 약속이기 때문이다. 벌들은 방위를 8개의 각도로 나눈다. 실제로 이것은 우리가 전문적인 항해사가 아닐 때 대강 이용하는 방식이다. 우리는 정확하게 할 필요가 없을 때에는 방위를 '북·북동·동·남동·남·남서·서·북서'의 팔방으로 나눈다.

벌의 춤은 먹이가 집에서 떨어진 거리도 가르쳐 준다. 춤의 다양한 요소들이 먹이까지의 거리와 관련되어 있다. 도는 속도, 꽁무니를 흔드는 속도, 소리를 내는 속도 등이 그것이다. 따라서 다른 벌들은 이들 중 어느 것, 또는 어떤 조합을 통해서라도 거리를 짐작할 수 있다. 먹이가 가까울수록 춤은 빨라진다. 이것은 집 가까운 곳에서 먹이를 찾은 벌은 먼 곳에서 먹이를 찾은 벌보다 덜 피곤하고 더 흥분할 것이라는 점을 생각하면 쉽게 이해할 수 있다. 이것은 외우기 좋으라고 이야기한 단순한 '암기 보조 자료' 이상이다. 앞으로 살펴보겠지만 그것은 그 춤이 어떻게 진화했는지를 알려 주는 단서다.

요약해 보자. 정찰 비행을 나간 벌이 훌륭한 먹이를 발견했다. 그 벌은 꿀과 꽃가루를 싣고 집으로 돌아온다. 그 짐을 다른 일벌에게 넘겨준다. 그런 다음 춤을 추기 시작한다. 벌집의 수직면 어느 곳에서(그곳이 어딘지는 문제가 되지 않는다.) 꽉 짜여진 8자 모양을 만들며 돌고 또 돈다. 다른 일벌들이 그 주위를 둘러싸서 촉각으로 느끼고 귀로 듣는다. 그들은 춤추는 벌이 내는 소리의 속도를 계산하고 도는 속도도 계산할 것이다. 그들은 춤추는 벌이 꽁무니를 흔들며 곧바로 진행할 때 동선이 수직선과 이루는 각도를 측정한다. 그런 다음 벌통의 입구로 달려 나가, 어둠에서 빠져나와 햇빛 속으로 나온다. 그들은 수직이 아니라 수평면에서 투영된 각도로 태양의 위치를 관찰한다. 그들은 최초의 정찰 대원이 춤을 춘 동선이 벌집 위의 수직선과 이루는 각도를 태양의 위치와 맞추어 먹이의 방향을 찾은 후 그쪽으로 곧장 날아간다. 그들은 그 방향으로 계속 날아간다. 무한히 먼 거리를 날아가는 것이 아니라 최초의 정찰 대원이 춤을 출 때 낸 소리의 속도(에 상용로그를 취한 값)에 반비례한 거리만큼 날아간다. 재미있게도 최초의 발견자가 먹이를 발견할 때 우회해서 비행했다면, 그 벌은 춤을 통해 우회로의 방향을 지시하는 것이 아니라, 먹이의 방위를 재구성해서 가르쳐 준다.

꿀벌의 춤 이야기는 믿기 힘들다. 그리고 믿지 않는 사람도 있다. 다음 장에서 나는 회의론자로 돌아가 결정적인 증거를 잡은 최근의 실험에 관해 논할 것이다. 이 장에서는 꿀벌의 춤이 점진적으로 진화하는 것에 관해 이야기하고 싶다. 그것이 진화하는 중간 단계는 어떠했을까? 그리고 그 춤이 아직 불완전한 상태였을 때에는 그들이 어떻게 일을 했을까?

그런데 질문 방식이 상당히 잘못되었다. 어떤 생물도 '불완전한' '중간 단계'에서 삶을 영위하지는 않는다. 오래전에 죽은 고대의 벌들도 훌륭한 삶을 영위했다. 그들은 벌의 삶을 완전하게 살았고 자신들이 '더 나은' 어떤 것으로 '가는 도중에' 있다고는 전혀 생각하지 않았다. 아무튼 '오늘날'의 벌춤은 최후의 언어일 수 없다. 세월이 흐른 뒤 좀 더 정교한 것으로 진화할 수 있다. 그럼에도 불구하고 우리는 현재의 벌춤이 어떠한 점진적인 단계를 거쳐 어떻게 진화해 왔는가 하는 수수께끼를 풀어야 한다. 그 점진적인 중간 단계가 어떤 모양이었으며, 그것들이 어떻게 기능했을까?

프리슈는 그 문제에 관심을 가졌다. 그는 계통도를 훑어 오늘날 꿀벌의 먼 친척들을 살펴보는 것으로 그 문제를 공략하기 시작했다. 그러나 그들은 꿀벌과 동시대를 살고 있기 때문에 꿀벌의 조상이 아니다. 하지만 그들은 그 조상의 모습을 간직하고 있을 가능성이 있다. 꿀벌 자체는 온대 지역에 사는 곤충으로 속이 빈 나무나 굴 속에 집을 짓는다. 꿀벌의 가장 가까운 친척은 열대 지방에 사는 벌이다. 이놈들은 굵은 나뭇가지에 집을 짓는다. 그리고 춤을 추는 동안 태양을 볼 수 있다. 따라서 수직선이 태양의 방향이라는 약속을 만들 필요가 없다. 태양 스스로 방향을 나타내기 때문이다.

이 열대의 친척 종인 애꽃벌(*Apis florea*)은 벌집의 수평면 위에서 춤을 춘다. 곧게 진행하며 춤추는 방향이 먹이가 있는 곳을 가리킨다. 지도를 그릴 필요가 없다. 먹이의 방향을 직접 가리키면 된다. 이 춤에서 출발하여 꿀벌의 춤으로 진화하는 경로에 그럴듯한 이행 단계가 확실히 있을 것이다. 하지만 이 단계 앞의 형태와 이어지는 중간 단계에 관해서 더 생각해 봐야 한다. 애꽃벌의 춤보다 앞의 것은 어떤 것일까? 왜 방금 먹이를 찾은 벌은 빙글빙글 돌면서 8자를 그리고 그 중심선이 먹이의 방향을 가리켜야 할까? 한 가지 가설은 그것이 출발 동작을 의식화한 것이라는 주장이다. 프리슈는 그 춤이 진화하기 전에 그 동작은 단순히 방금 먹이를 다른 벌에게 넘긴 정찰 대원이 같은 방향으로, 즉 먹이가 있는 곳으로 다시 날아가기 위해 출발하려는 동작이었다고 주장했다. 공중으로 날아오르기 위한 예비 동작으로 우선 얼굴을 올바른 방향으로 돌리고 몇 발짝 더 걸었을 것이다. 자연선택은 출발 동작이 다른 벌들을 따라오도록 부추길 수 있다면 그 동작을 과장하고 연장하는 어떤 경향이라도 강화할 것이다. 아마 그 춤은 일종의 출발 동작이 의식화된 것일 터이다. 이 설명은 그럴듯하다. 종종 벌들은 춤을 사용하든 안 하든 동료를 먹이가 있는 곳으로 끌고 가기 위해 더 직접적인 술책을 쓰기 때문이다. 이 설명이 그럴듯하게 들리는 다른 이유가 있다. 벌은 날개를 바깥으로 약간 벌린 채 춤을 추는데, 이것이 마치 날아갈 준비를 하는 것처럼 보인다. 그리고 날개 근육을 떤다. 날아갈 정도로 강하게 떠는 것이 아니라 춤 신호의 중요한 요소인 소음을 만들 정도로만 떤다.

　출발 동작을 연장하고 과장하는 확실한 방법은 그것을 반복하는 것이다. 이것은 처음으로 돌아가서 먹이가 있는 방향으로 다시 몇 발짝 걸어간다는 것을 의미한다. 처음 위치로 돌아가는 방법에는 두 가지가 있다. 걸어간 끝자리에서 오른쪽으로 돌 수도 있고 왼쪽으로 돌 수도 있다. 만일 왼쪽이든 오른쪽이든 어느 한쪽으로만 계속 돈다면, 어느 것이 진짜 출발 방향이고 어느 것이 처음으로 돌아오는 방향인지 애매모호할 것이다. 이것을 없애는 가장 좋은 방법은 왼쪽, 오른쪽을 교대로 도는 것이다. 그래서 자연선택의 결과 8자춤의 형태가 만들어진다.

그렇다면 먹이가 떨어진 거리와 춤의 속도의 관계는 어떻게 진화했을까? 춤의 속도가 먹이가 떨어진 거리와 정비례한다면 그것을 설명하기는 어려울 것이다. 하지만 실제로는 그렇지 않다는 사실을 기억하라. 먹이가 가까울수록 춤의 속도는 빨라진다. 이것은 즉각적으로 점진적인 진화 경로를 시사한다. 춤이 적절한 형태로 진화하기 전에는 정찰 대원이 특별히 정해진 속도 없이 출발 동작을 의식적으로 반복했을 것이다. 춤의 속도는 그들이 느끼기 나름이었을 것이다. 그런데 벌이 꿀과 꽃가루를 가득 싣고 수킬로미터 떨어진 곳에서 집으로 날아왔다면 빠른 속도로 벌집 위를 돌아다닐 기분이 나겠는가? 아니다. 그 벌은 아마도 지쳤을 것이다. 반면에 벌통 가까운 곳에서 풍부한 식량을 발견했다면, 집으로 돌아오는 여행이 짧기 때문에 벌은 활기차고 상쾌한 상태로 남아 있을 것이다. 먹이가 떨어진 거리와 춤의 빠르기 사이에 우연히 형성된 최초의 관계가 어떻게 공식적이고 확실한 신호로 의식화했는지 상상하는 것은 어렵지 않다.

이제 어느 것보다도 더 도전적인 중간 단계를 이야기할 때다. 8자 춤의 중심선 방향이 직접적으로 먹이의 방향을 나타내던 고대의 춤이 어떻게 벌집 위 수직선과 이루는 각도가 먹이와 태양 사이의 각도를 나타내는 오늘날의 꿀벌의 춤으로 변형될 수 있었을까? 그러한 변형이 필요했던 부분적인 이유는 벌통의 내부가 어둡고 태양을 볼 수 없기 때문이다. 또한 부분적으로는 벌집의 수직면에서 춤을 출 때는 우연히 먹이가 있는 곳을 향하지 않는 한 직접적으로 그 방향을 가리킬 수 없기 때문이다. 그러나 변형이 필요하다는 것을 입증하기에는 이것으로는 부족하다. 점진적인 중간 단계를 거치는 그럴듯한 경로를 통해 어떻게 이 어려운 변형이 이루어질 수 있는지를 설명해야만 한다.

이 문제는 상당히 골치 아파 보인다. 하지만 곤충의 신경계에 관한 한 가지 사실이 우리를 구원한다. 다음에 소개할 뛰어난 실험은 딱정벌레에서 개미에 이르기까지 다양한 종류의 곤충에 대해서다. 전기 불빛이 있는 수평면의 나무판자 위를 걷고 있는 딱정벌레 이야기부터 해 보자. 맨 먼저 입증하려는 사실은 곤충이 빛을 이용해 방향을 탐지한다는 것이다. 전구의 위치를 바꾸면 곤충도 방향을 바꾼다. 만일 그 곤충이 빛과 어떤 일정한 각도(가령 30도)를 유지한다면 전구의 새 위치에 대해 30도를 유지하기 위해 걸어가는 방향을 바꿀 것이다. 실제로 전구를 키잡이로 이용해 딱정벌레의 방향을 마음대로 바꿀 수 있다. 곤충에 관한 이러한 사실은 오래전부터 알려져 왔다. 그들은 방향을 잡을 때 태양(또는 달이나 별)을 나침반으로 이용한다. 그래서 전구를 가지고 쉽게 속일 수 있다. 여태까지는 그런 대로 잘 넘어갔다. 이제 재미있는 실험이 나온다. 잠깐 동안 전구를 끄고 나무판자를 수직으로 세운다. 딱정벌레는 이에 굴하지 않고 계속해서 걷는다. 그런데 놀라운 일이 벌어진다. 딱정벌레는 수직선과의 각도가 그 전에 빛에 대해 유지하던 각도, 즉 예로 든 30도를 유지하도록 걷는 방향을 바꾼다. 왜 이런 일이 벌어지는지는 아무도 모른다. 그러나 분명히 벌어졌다. 이것은 곤충의 신경계에 있는 유연한 버릇을 드러내는 듯하다. 중력 감각과 시각 사이의 교란, 즉 감각의 혼란인 것 같다. 마치 머리를 얻어맞았을 때, 눈에 불이 번쩍 튀는 것을 느끼는 것처럼 말이다. 어쨌거나 이것이 꿀벌의 춤에서 '수직선은 태양을 의미한다.'라는 암호가 진화하는 데 필요한 중간 다리를 제공하는 것 같다.

벌통 속에 전구를 켜 놓으면 꿀벌은 중력에 대한 감각을 포기하고 대신 그 빛의 방향을 태양을 의미하는 신호로 직접 사용한다. 이 사실은 오래전부터 알려져 있었는데, 과거에 행한 가장 정교한 실험 중 하나는 이것을 이용했다. 꿀벌의 춤이 실제로 어떤 기능을 한다는 결정적인 증거를 잡은 것이다. 다음 장에서 그 내용을 다룰 것이다. 이제 우리는 최초의 단순한 형태에서 오늘날의 정교한 꿀벌의 춤이 진화할 수 있었던 일련의 단계들을 알아보았다. 프리슈의 생각에 근거한 내 이야기는 실제로 정확한 것이 아닐 수도 있다. 그러나 어느 정도는 그와 같은 일이 일어났음에 틀림없다. 정말로 정교한, 또는 복잡한 자연 현상을 접할 때 사람들이 자연스럽게 갖게 되는 회의론(개인적인 불신에서 비롯된 주장)에 대한 답으로 나는 이 이야기를 했다. 그 회의론은 "나는 그 복잡한 현상으로 진화해 가는 그럴듯한 중간 단계들을 도저히 상상할 수 없다. 따라서 중간 단계들은 없다. 그 현상은 우연한 기적에 의해 일어난 것이다."라고 이야기한다. 프리슈는 그러한 중간 단계들을 제시했다.

그것들이 정확한 것이 아닐지라도, 그럴듯하다는 사실만으로도 개인적인 불신에서 비롯된 주장을 난처하게 만들기에 충분하다. 말벌을 닮은 난초에서 카메라눈에 이르기까지 우리가 살펴본 다른 모든 예에서도 마찬가지다.

호기심을 자아내는 자연 현상이라면 그것이 어느 것이든 점진적인 다윈주의를 의심하는 사람들에 의해 검열을 당할 것이다. 일례로 나는 빛도 없고 수압이 1,000기압을 넘는 태평양의 깊은 해구에 사는 생물들의 진화를 설명해 달라는 요청을 받은 적이 있다. 그 동물들은 모두 태평양 해구의 깊은 곳에 있는 뜨거운 열수 분출공 주위에 살고 있다. 전반적인 생화학 작용은 세균에 의해 이루어지는데, 세균들은 분출공에서 나오는 열을 이용하고 대사에 산소 대신 황을 사용한다. 세균보다 큰 동물들은, 마치 우리가 흔히 보는 생물들이 태양으로부터 오는 에너지를 얻은 녹색 식물에 의존하는 것처럼, 이 황세균에 절대적으로 의존하고 있다.

황을 기초로 생물 군집을 이룬 동물들은 모두 다른 곳에서 발견되는 좀 더 흔한 동물들의 친척들이다. 그들은 어떤 중간 단계를 거쳐 어떻게 진화했을까? 설명의 형태는 앞의 것과 똑같다. 그 과정을 설명하기 위해서는 연속적인 변화를 한 가지만 찾아내면 된다. 바닷속에 내려가면 연속적으로 변하는 게 아주 많다. 1,000기압은 무시무시한 압력이다. 그러나 이것은 단지 999기압보다 양적으로 조금 클 뿐이다. 그리고 999기압은 998기압보다 크며, 그 이후도 마찬가지다. 바다 밑바닥의 수심은 0미터에서 시작하여 모든 중간 단계를 거쳐 1만 미터에 이른다. 수압은 1기압에서 1,000기압까지 변한다. 조도는 수면 근처의 밝은 대낮의 밝기에서 깊은 곳의 완전한 암흑에 이르기까지 매끄럽게 변한다. 단지 물고기의 발광 기관에 사는 희귀한 발광 세균 덩어리에 의해 단조로움을 약간 면할 뿐이다. 날카롭게 꺾이는 곳은 없다. 이미 적응하고 있는 모든 수압과 조도에, 기존의 동물에서 약간 달라져서 한 길 정도 더 깊고 1루멘(광속의 단위—옮긴이) 정도 더 어두운 곳에서도 살 수 있는 동물의 세계가 있을 것이다. 이미 적응하고 있는 모든 수심에서……. 그러나 이 장은 이야기를 더 하기에는 여유가 충분하지 않다. 독자들은 이제 내 방식을 알고 있으므로 그것들을 그대로 적용하면 될 것이다.

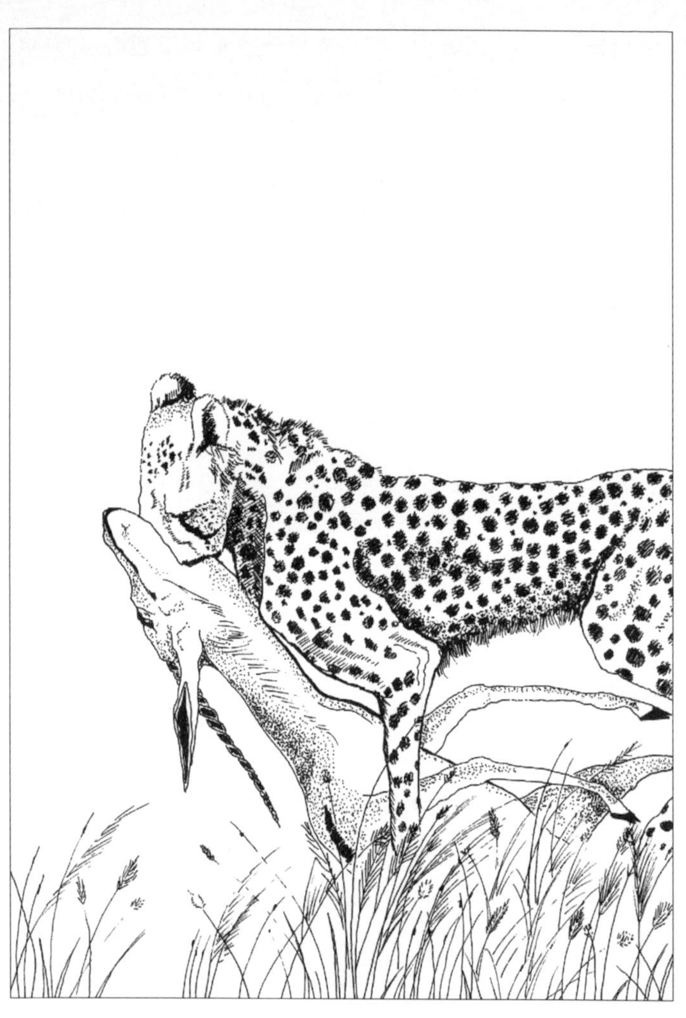

신의
효용 목적

앞 장에서 언급한, 내게 편지를 보낸 목사는 말벌을 통해 신앙을 발견했다. 그러나 찰스 다윈은 다른 것으로 인해 신앙심을 잃었다. 다윈은 이렇게 적었다. "은혜롭고 전지전능한 신께서, 맵시벌이 나비나 나방의 살아 있는 애벌레에서 영양을 섭취하도록 하겠다는 의지를 특별히 명시하여 계획적으로 그것을 창조했다는 것은 도저히 납득할 수 없다." 다윈은 독실한 신앙심을 가진 부인 엠마와의 불화를 피하기 위해 자신이 신앙심을 잃어 간다는 사실을 드러내지 않으려고 애썼다. 다윈이 점차적으로 신앙심을 잃은 데에는 더 복잡한 이유가 있었다. 그가 맵시벌을 언급한 것은 경구(警句)로서의 의미가 크다. 위에서 언급한 맵시벌의 소름끼치는 습성은 앞 장에서 나온 사촌뻘인 나나니벌도 가지고 있다. 파브르나 다른 연구 자들에 따르면, 나나니벌 암컷은 나비나 나방의 애벌레(혹은 메뚜기 나 벌)의 몸속에 알을 낳아서 애벌레가 그것을 속에서부터 파먹으 며 자랄 수 있게 하는 것뿐 아니라, 그 먹이의 중추 신경계의 신경 절마다 조심스럽게 침을 놓아서 마비시키되 '죽지는 않게' 한다. 이 방법을 통해 먹이의 신선도를 유지한다. 그 마취가 일반적인 마 취처럼 작용하는 것인지, 아니면 큐라레(curare, 남아메리카 원주민이 화살촉에 칠하는 독약—옮긴이)처럼 희생물을 단지 움직일 수 없게 만 드는 것인지는 알지 못한다. 나중의 경우라면 먹이로 잡힌 그 벌레 는 자신이 내부로부터 먹혀 가는 것을 의식하면서도 근육을 움직 일 수 없어 거기에 대해 아무런 조치도 취하지 못하는 셈이다. 참 으로 야만적이고 잔인하다. 그러나 앞으로 알아보겠지만, 자연은 잔인하기보다는 단지 무관심하고 냉담할 뿐이다. 이것은 사람들 이 가장 이해하기 힘들어 하는 내용의 하나다. 우리는 선의도 악의 도 없고, 잔인하지도 친절하지도 않으며, 단지 냉담할 뿐(모든 고통 에 냉담하며, 아무런 고의도 없는 상태)인 어떤 사물이 있을 수 있다는 사 실을 인정하지 못한다.

사람의 뇌에는 목적이 가득 들어 있다. 어떤 사물을 보면서 그것이 무엇을 위한 것인지, 또는 그것을 만든 동기나 이면의 목적이 무엇인지를 생각하지 않는다는 것은 쉽지 않다. 목적에 관한 강박관념이 병적인 상태로 발전하면 그것을 편집증이라 부른다. 즉 실제로는 우연한 불운일 뿐인데도 거기에 어떤 악의가 있지 않나 하고 의심하는 상태가 되는 것이다. 그러나 이것은 누구나 가지고 있는 보편적인 망상이 조금 과장된 형태일 뿐이다. 우리 눈앞에 어떤 대상이나 현상이 펼쳐졌을 때 '왜' 또는 '무엇을 위해'라는 질문을 던지지 않기란 힘들다.

물론 기계, 예술품, 각종 도구와 그밖의 인공물들에 둘러싸여 살아가는 동물이, 더욱이 그 자신을 각성시키는 생각들이 개인적인 목표로 가득 차 있는 동물이, 무엇에서든 목적을 찾아내려는 욕구를 갖는 것은 자연스러운 일이다. 자동차, 깡통 따개, 드라이버와 쇠스랑 모두 '무엇을 위해?' 라는 질문을 유발하기에 적당하다. 종교가 없었던 조상들은 천둥, 일식, 바위와 냇물 등에 대해 똑같은 질문을 했을 것이다. 오늘날의 우리는 그러한 원시적인 물활론(animism, 나무나 돌 등에도 생물과 마찬가지로 영혼이 있다는 생각 —옮긴이)을 떨쳐 버린 것에 자부심을 갖는다. 냇물 가운데 놓여 있는 바위가 우연히 징검다리 구실을 했다면, 우리는 그러한 바위의 쓰임새가 자연스러운 보너스지 진정한 목적은 아니라고 생각한다. 그러나 어떤 비극이 덮쳐 오면 오래된 유혹에 또다시 격렬하게 사로잡힌다. 실제로 '덮쳐 온다.'라는 단어에는 물활론적인 의미가 내포되어 있다. '왜 암이, 지진이, 태풍이 하필이면 우리 아이를 덮쳐야만 하는가?' 질문 내용이 모든 사물의 기원이나 물리학의 기본 법칙이거나, 또는 극에 달한 공허한 실존적 질문일 때에는 종종 똑같은 유혹에 사로잡힌다. '왜 아무것도 없는 것이 아니고 뭔가가 있어야 하는가?'

"과학자들은 '어떻게'라는 질문에는 매우 능란하게 대답한다. 하지만 '왜'라는 질문에는 무기력하다는 것을 시인해야 한다." 내 강연이 끝난 뒤에 나에게 이런 말을 한 청중이 너무 많아서 그 수를 기억하기는 어렵다. 내 동료 피터 앳킨스(Peter Atkins)가 윈저(Windsor, 영국 버크셔 주에 있는 윈저 궁 소재지 — 옮긴이)에서 강연했을 때, 청중의 한 사람이었던 엘리자베스 2세의 부군 에든버러(Edinburgh) 공이 바로 그런 지적을 했다. 그러한 질문의 이면에는 언제나 드러나지 않는, 그러나 결코 근거가 충분하지 않은 뜻이 담겨 있다. 그것은 과학이 '왜'라는 질문에 답할 수 없기 때문에 그 질문에 답할 자격이 있는 다른 분야가 있어야 한다는 생각이다. 물론

이러한 생각은 매우 비논리적이다.

나는 앳킨스가 그때 왕실의 지적에 대해 짧은 고해를 했다는 것을 유감으로 생각한다. 질문의 형태를 갖췄다는 단순한 사실만으로 그 질문이 합당한 것이나 이성적인 것이 되지는 않는다. "그것의 온도가 몇 도인가?", "그것의 색깔은 어떤가?"라고 물을 수 있는 대상은 많다. 하지만 시샘이나 기도의 온도나 색깔을 묻지는 않는다. 마찬가지로 자전거의 흙받기나 카리바 댐(Kariba Dam, 아프리카 짐바브웨와 잠비아 사이의 국경을 흐르는 잠베지 강 중류에 건설된 댐—옮긴이)에 관해 '왜'라고 묻는 것은 옳다. 하지만 최소한 어떤 돌멩이, 어떤 불행, 에베레스트 산, 또는 우주에 대해 '왜'라는 질문을 했을 때, 마땅히 답을 해야 한다고 생각하는 것은 옳지 않다. 아무리 진심에서 우러난 것이라고 하더라도 질문의 형태가 적절하지 못할 수 있다.

한쪽에는 자동차 앞 유리 닦개와 깡통 따개, 반대쪽에는 바위와 우주가 있는 중간 어디쯤에 생물이 있다. 살아 있는 생물과 그 기관들은 바위와는 달리 모두 목적을 갖고 있는 것처럼 보인다. 살아 있는 생물이 보여 주는 명백한 합목적성은 아퀴나스(Aquinas)와 윌리엄 페일리(William Paley)에서부터 현대의 '과학적' 창조론자들에 이르기까지 신학자들이 주장한 고전적인 창조론인 '설계로부터의 논증(Argument from Design)'을 뒷받침하는 근거로 악명을 떨쳤다.

의도적으로 설계한 듯한 인상을 강하게 주는 날개와 눈, 부리, 알을 품는 본능, 그밖에 생물에 관한 모든 것을 만들어 내는 진짜 과정이 어떤 것인지 오늘날 우리는 잘 알고 있다. 이것을 이해하게 된 것은 150년 전으로 상당히 최근의 일이다. 다윈 이전에는 심지어 바위, 냇물, 그리고 지진 등에 대해 '왜'라는 질문을 포기했던 교육받은 사람들도, 살아 있는 생물에 관해서는 여전히 '왜'라는 질문을 하는 것이 합당하다고 인정했다. 오늘날에는 과학적 소양이 없는 사람들만이 그런 질문을 한다. 하지만 아직도 절대 다수는 인정하기 싫은 그 진실을 '단지' 드러내지 않고 있을 뿐이다.

사실 다윈주의자들도 생물에 관해 일종의 '왜'라는 질문을 했다. 하지만 그들은 특별히 은유적인 의미로 그런 질문을 한 것이다. 새들은 왜 노래하고, 날개는 무엇 때문에 있을까? 현대의 진화학자들은 이러한 질문들을 축약된 형태로 받아들인다. 그리고 새의 조상들이 겪은 자연선택의 견지에서 합리적인 답변을 구한다. 모든 것에 목적이 있다는 환상이 너무 강렬하기 때문에 과학자들은 연구의 도구로 설계라는 가정을 이용한다. 프리슈는 앞 장에서 살펴본 꿀벌의 춤을 발견하여 한 시대를 구분하는 업적을 내놓기 훨씬 전에 곤충이 색깔을 구분할 수 있다는 사실을 발견했다. 그런데 당시에 그것은 오히려 강력한 정설이었다. 그럼에도 불구하고 그는 그 설을 확인하기 위해 실험을 했다. 그의 결정적인 실험은, 벌이 수분시켜 주는 꽃들이 색소 입자를 만드는 크나큰 고통을 감수한다는 단순한 사실을 관찰한 데서 시작되었다. 벌이 색맹이라면 꽃들이 왜 그런 일을 하겠는가? 의도라는 비유(더 정확히 말한다면 다윈이 말한 자연선택이 일어난다는 가정)가 여기서는 강력한 추론의 도구로 사용되었다. "꽃은 색깔을 갖고 있다. 따라서 꿀벌은 색깔을 볼 수 있어야 한다." 프리슈가 이렇게 이야기했다면 틀렸을 것이다. 하지만 그는 "꽃은 색깔을 가지고 있다. 따라서 꿀벌이 색깔을 볼 수 있다는 가설을 증명하기 위해 새로운 실험에 몰두하는 것은 의미 있는 일이다."라고 이야기했다. 그 문제를 자세히 연구한 결과, 그는 꿀벌이 뛰어난 색깔 감각을 가지고 있지만 그들이 볼 수 있는 스펙트럼은 인간과 다르다는 사실을 밝혀냈다. 꿀벌들은 빨간색을 보지 못한다(꿀벌들은 우리가 빨강이라고 부르는 색에 '황외선(黃外線)'이라는 이름을 붙일 것이다.). 하지만 꿀벌들은 우리가 자외선이라고 부르는 짧은 파장의 영역을 볼 수 있다. 꿀벌들은 자외선을 하나의 구분된 색으로 느낀다. 그래서 가끔 자외선을 '꿀벌의 보라색(bee purple)'이라고도 한다.

벌이 스펙트럼의 자외선 영역을 볼 수 있다는 사실을 알았을 때, 프리슈는 또다시 '의도'라는 은유로 몇 가지를 추론했다. '벌은 자외선 감각을 사용해서 무엇을 할까?'라고 그는 자신에게 물어봤다. 그의 생각은 한 바퀴를 완전히 돌아 꽃에 이르렀다. 사람은 자외선을 볼 수 없지만, 자외선에 민감한 필름을 써서 사진을 찍을 수는 있다. 또 다른 '가시광선'은 통과할 수 없지만 자외선을 통과하는 필터를 만들 수 있다. 프리슈는 어떤 예감을 갖고 자외선 필름으로 몇 장의 꽃을 찍었다. 놀랍게도 그는 꽃에서 어떤 사람도 본 적이 없는 점과 선들로 이루어진 무늬를 볼 수 있었다. 우리가 보기에 하얗고 노란 꽃들이 사실은 자외선 무늬로 장식되어 있었던 것이다. 이 무늬는 종종 벌을 꿀이 있는 곳으로 안내하는 표시로서의 기능을 한다. 꽃이 고의로 설계된 것이라면 벌이 자외선을 볼 수 있다는 사실을 이용할 것이다. 모든 사물이 명확한 목적을 갖고 있다는 가정이 다시 한번 결정적인 결과를 내놓는 순간이었다.

프리슈가 노년에 이르렀을 때, 에이드리언 베너(Adrian

Wenner)라는 미국의 생물학자가 바로 앞 장에서 이야기한 꿀벌의 춤에 관한, 프리슈의 가장 빛나는 업적에 문제를 제기했다. 다행히 프리슈는 장수했기 때문에, 지금은 프리스턴 대학교에 있는 또 다른 미국인 제임스 굴드(James Gould)가 그의 업적에 대한 정당성을 입증하는 것을 목격할 수 있었다. 굴드의 실험은 생물학사에서 가장 명료한 실험 중 하나다. 그 내용을 간단히 언급하고자 한다. 그것은 '마치 설계된 듯한'이라는 가정이 지닌 위력에 관해 내가 말하려는 요점을 뒷받침하기 때문이다.

베너와 그의 동료들은 꿀벌의 춤 자체를 부정하지는 않았다. 심지어 프리슈가 말한 모든 정보가 그 춤에 담겨 있다는 사실도 인정했다. 그들이 부정한 것은 다른 벌들이 그 춤을 읽는다는 내용이다. 베너는 다음과 같이 말했다. "그렇다. 8자춤의 곧은 중심선이 수직선과 이루는 각도가 태양과 먹이가 이루는 각도를 의미하는 것은 사실이다. 하지만 어떤 벌도 그 춤에서 그런 정보를 얻지 못한다. 춤을 구성하는 여러 요소의 속도가 먹이가 얼마나 멀리 있나 하는 정보를 담고 있는 것은 사실이다. 하지만 다른 벌들이 그 정보를 읽는다는 확실한 증거는 없다. 그들은 그것을 무시할 수 있다." 이 회의론자들은 프리슈의 증거에는 결점이 있다고 말했다.

그리고 그들이 적절한 '통제'를 가해(즉 벌들이 먹이를 찾을 수 있는 다른 수단에 주목해서) 그의 실험을 반복했을 때, 그 실험들은 꿀벌의 춤 가설을 더 이상 뒷받침하지 못했다고 했다.

바로 여기서 제임스 굴드가 그의 절묘한 실험과 함께 이야기에 등장한다. 제임스 굴드는 꿀벌에 관해 오래전부터 알려진 사실을 이용했다. 이것은 앞 장에서 나온 내용이다. 벌들이 대개는 어둠 속에서, 수직선을 수평면에서의 태양 방향을 나타내는 암호로 사용하지만, 벌통 속에 불을 켜 놓으면 더 구식 방법으로 쉽게 전환한다. 그런 다음 그들은 중력에 관한 모든 것을 잊어버리고 태양 대신 전구를 사용해 춤의 각도를 직접적으로 결정한다. 다행히도 춤을 추는 벌이 암호 방식을 중력에서 전구로 바꾸어도 오해는 일어나지 않는다. 다른 벌들이 마찬가지로 '읽는' 방식을 바꾸기 때문에 춤은 여전히 같은 의미를 갖는다. 즉 다른 벌들은 여전히 춤추는 벌이 의도한 방향으로 먹이를 찾으러 날아간다.

이제부터 제임스 굴드의 훌륭한 솜씨가 드러난다. 그는 춤추는 벌의 눈 위에 검은색 셸락(shellac, 니스라고 생각하면 된다.—옮긴이)을 발라서 전구 불빛을 보지 못하게 했다. 그러자 벌은 다시 통상적인 중력을 암호로 사용하는 방식으로 춤을 추었다. 춤추는 벌을 따르는 다른 벌들은 눈에 아무것도 칠해져 있지 않아서 전구 불빛을 볼 수 있었다. 그 벌들은 중력을 암호로 사용한다는 것을 모른 채 '태양(전구)'을 사용한 암호로 그 춤을 해석했다. 눈을 가린 벌은 중력에 따라 각도를 정해 춤을 추었지만, 그 벌을 따르는 벌들은 춤과 전구가 이르는 각도를 쟀다. 제임스 굴드는 결과적으로 춤추는 벌이 먹이가 있는 방향에 관해 거짓말을 하도록 강요한 셈이다. 일반적인 의미의 거짓말이 아니고 굴드가 정밀하게 조작한 특정 방향에 관한 거짓말이다. 물론 굴드는 그 실험을 눈을 가린 단 한 마리의 벌에게 하지는 않았다. 통계학적으로 의미를 가질 수 있는 적당한 수의 벌과 다양하게 변화시킨 각도로 실험을 반복했다. 그 실험은 성공했다. 프리슈가 주장한 꿀벌의 춤 가설은 원형 그대로 당당하게 명예를 회복했다.

재미있으라고 이 이야기를 한 것은 아니다. 모든 사물이 어떤 목적에 맞게 설계되었다는 생각이 갖는 긍정적인 측면뿐만 아니라 부정적인 측면도 보여 주려 한 것이다. 베너와 그의 동료들이 쓴 회의적인 논문을 읽었을 때, 나는 그것을 비웃었다. 베너가 틀렸다는 것이 증명되었지만, 내 태도는 좋은 것이 아니었다. 내가 비웃은 것은 '모든 사물이 어떤 목적에 맞게 설계되었다.'라고 생각하는 것 때문이었다. 베너는 결국 꿀벌의 춤 자체를 부정한 것은 아니었다. 프리슈가 주장했듯이 먹이의 방향과 거리에 관한 정보가 그 춤에 담겨 있다는 사실을 부정하지도 않았다. 단지 다른 벌들이 그 정보를 읽는다는 사실을 부정한 것이다. 다윈주의를 믿는 나와 다른 생물학자들에게 이것은 도저히 참을 수 없는 내용이었다. 그 춤은 다른 벌들에게 먹이의 방향과 거리를 가르쳐 주려는 뚜렷한 목적을 위해 아주 복잡하게, 그리고 매우 용의주도하게, 정교하게 조율된 것이다. 우리의 견해로는 이런 정교한 조율은 자연선택이 아닌 다른 것으로는 생겨날 수 없다. 한편으로 우리는 창조론자들이 자연의 경이를 생각할 때, 잘 걸려드는 덫에 똑같이 걸려들었다. 그 춤은 확실히 뭔가 유용한 의미를 갖고 있을 것이다. 그것은 아마 정찰대가 먹이를 찾는 일을 돕는 것일 게다. 춤의 각도·속도가 먹이의 방향·거리와 관련하여, 정교하게 조율되어 있다는 바로 그 점이 역시 뭔가 유용한 일을 해야만 한다는 사실을 강력하게 시사한다. 우리의 견해로는 베너의 생각이 틀렸다. 비록 나는 제임스 굴드처럼 벌의 눈을 가리는 실험을 생각해 낼 정도의 능력은 없지만, 내 생각에 믿음이 있기 때문에 베너의 말에 별 구애를 받지 않았을 것이다.

제임스 굴드는 그 실험을 생각해 낼 정도로 재치가 있었지만 베너의 말 때문에 괴로워하기도 했다. 그는 '모든 사물은 어떤 목적에 맞게 훌륭히 설계된 것'이라는 생각에 의해 타락하지 않았기 때문이다. 그러나 이 말은 아슬아슬한 줄타기와 같다. 내 생각에는 제임스 굴드는 그보다 앞서 프리슈가 곤충의 색깔 감각에 관한 연구를 할 때처럼 머릿속에, 모든 사물은 어떤 목적에 맞게 설계된 것이라는 가정을 충분히 가지고 있었다. 따라서 그의 뛰어난 실험이 충분히 성공할 가능성이 있고, 시간과 노력을 기울일 만한 가치가 있다고 믿었을 것이다.

이제 나는 두 가지 학술 용어를 소개하려고 한다. 그것은 '리버스 엔지니어링(reverse engineering, 어떤 물건을 분해하여 그것의 기능이나 작동 원리를 알아내는 것 — 옮긴이)'과 '효용 목적(utility function)'이다. 지금부터 하려는 이야기는 대니얼 데닛(Daniel C. Dennett)의 뛰어난 책 『다윈의 위험한 생각(*Darwin's Dangerous Idea*)』에서 영향을 받은 것이다. 리버스 엔지니어링은 다음과 같은 추론 기술이다. 어떤 공학자가 처음 보는 이해하지 못하는 물건 앞에 앉아 있다고 하자. 그는 그 물건이 어떤 목적을 위해 설계되었다고 가정한다. 그런 다음 그것이 어떤 문제를 잘 해결할 수 있을지 알아내기 위해 잘게 분해하고 분석한다. "내가 이러저러한 일을 하는 기계를 만든다면 이것처럼 만들어야 할까? 아니면 이것은 그렇고 그런 일을 하도록 설계된 기계라고 설명하는 편이 더 나을까?"

　　계산자(로그(log)의 원리를 이용하여 곱셈·나눗셈·제곱근·삼각함수·로그 등을 계산할 수 있도록 만든 기구——옮긴이)를 만드는 일은 최근까지도 기술자들이 선망하는 전문적인 기술이었다. 그 도구에는 신비한 힘이 있었다. 그러나 오늘날과 같은 전자 기술 시대에 그것은 청동기 시대의 유물처럼 쓸모없게 되었다. 계산자를 발견한 미래의 고고학자가 그것이 무엇에 쓰는 물건인지 의아해 한다고 상상해 보자. 그는 그것으로 직선을 그리거나, 빵에다 버터를 바를 때 사용하면 편리하다는 사실을 발견할 것이다. 그러나 이 두 가지 중 하나가 그 물건의 원래 용도라고 가정하는 것은 경제 원리에 맞지 않는다. 단순히 직선을 그리거나 빵에 버터를 바르는 것이 용도라면 자의 중간에 움직이는 작은 자가 하나 더 있을 필요가 없다. 더욱이 거기에 그려진 눈금의 간격을 자세히 살펴보면 정교한 로그 눈금이, 우연이라고 하기에는 너무나 꼼꼼하게 배열되어 있다는 사실을 알 수 있다. 고고학자는 연구 끝에 전자 계산기가 나오기 전에는 그 눈금을 곱셈과 나눗셈을 빠르게 할 수 있는 절묘한 기술에 이용했다는 사실을 깨닫는다. 계산자의 미스터리가 모든 사물은 합리적이고 경제적으로 설계되었다는 가정을 사용한 리버스 엔지니어링 과정을 통해 해결된 것이다.

'효용 목적'은 공학자들이 아니라 경제학자들이 사용하는 학술 용어로, '어떤 것을 극대화하려는 것'이라는 의미다. 경제 계획을 입안하는 사람이나 사회공학자는 어떤 것을 극대화하려고 애쓴다는 점에서 설계사나 진짜 공학자와 비슷하다. 실용주의자는 '최대 다수의 최대 행복'을 극대화하려는 사람이다(이 말은 실제보다 더 이성적인 것처럼 들린다.). 이 대전제 아래 실용주의자는 단기간의 행복보다도 장기간의 안정성에 우선 순위를 둔다. 실용주의자들은 '행복도'를 측정하는 기준을 무엇으로 하느냐에 의견을 달리한다. 즉 경제적인 풍요, 직업에 대한 만족도, 문화 생활 향유 정도를 기준으로 삼을 것인가, 아니면 개인적인 관계를 기준으로 삼을 것인가로 의견이 나누어진다. 어떤 사람들은 공공연하게 자신의 행복을 공공 복지보다 우선하여 극대화하려 한다. 그리고 그들은 각자가 자신을 위할 때 전체의 행복이 극대화된다는 사이비 철학으로 자신들의 이기심을 합리화한다. 어떤 사람의 행동을 그 사람의 전 생애에 걸쳐 조사해 보면, 그들의 효용 목적을 역추론할 수 있다. 어떤 나라의 행정부가 하는 일을 조사해 역추론해 보면, 그 정부가 극대화하려는 것은 고용의 안정과 공공의 복지라는 결론을 얻을 수 있을 것이다. 또 다른 나라에서는 그 효용 목적이 대통령의 영구 집권이거나, 특정한 통치 집단의 이익, 제왕의 후궁 숫자, 중동의 안정, 또는 원유 가격의 유지 등이 될 수도 있다. 어떤 대상이 하나 이상의 효용 목적을 가질 수 있다는 사실이 중요하다. 개인이나 법인, 또는 정부가 극대화하려는 것이 언제나 명확한 것은 아니다. 그러나 그것들이 뭔가를 극대화하려 할 것이라고 가정하는 편이 안전하다. 호모 사피엔스는 모든 것은 목적이 있다는 생각에 깊이 사로잡힌 존재이기 때문이다. 그 원칙은 어떤 대상의 효용 목적이 그것을 구성하는 부분들의 총합이거나, 여러 가지 입력들에 따라 다른 기능을 하는 복잡한 것일 때에도 유효하다.

이제 살아 있는 생명체로 돌아가서 그것들의 효용 목적을 추론해 보자. 여러 가지가 있을 수 있다. 그러나 결국 그 모든 것은 하나로 환원 될 것이다. 우리의 임무를 극화하는 가장 좋은 방법은 살아 있는 생명체를 어떤 신성한 공학자가 만들었다고 상상하는 것이다. 그런 다음 리버스 엔지니어링 과정을 통해 그 공학자가 생명체를 만들어서 극대화하려는 것이 무엇인지 알아보자. 신의 효용 목적은 무엇일까?

치타는 어디를 보나 뭔가를 위해 훌륭하게 설계되어 있음을 짐작할 수 있다. 그리고 리버스 엔지니어링 과정을 통해 그것의 효용 목적을 쉽게 알아낼 수 있다. 치타는 영양을 잘 죽이기 위해 설계된 것처럼 보인다. 이빨, 발톱, 눈, 코, 다리 근육, 척추, 뇌 등 치타의 모든 것은 신이 치타를 설계한 목적이 영양의 죽음을 극대화하는 것이라고 쉽게 예상할 수 있는 바로 그것이다. 반면에 영양을 공학적으로 역추론해 보면 정확히 반대의 목적을 위해 설계되었다는 강력한 증거를 발견할 수 있다. 그것은 바로 영양의 생존과 치타의 굶주림이다. 치타를 설계한 신과 영양을 설계한 신이 서로 다르며 라이벌 관계에 있는 것 같다. 사자와 양, 치타와 가젤을 설계한 신이 둘이 아니고 하나뿐이라면 그가 의도하는 것은 무엇인가? 그는 피의 스포츠를 즐기는 새디스트인가? 아니면 아프리카에서 포유류의 수가 과도하게 불어나는 것을 막으려고 그러는 것인가? 데이비드 어텐버러(David Attenborough, BBC의 자연 다큐 프로그램 전문 해설가—옮긴이)가 진행하는 텔레비전 프로그램의 시청률을 극대화하려는 교묘한 배려인가? 이들 모두가 그 문제의 답이 될 수 있는 그럴듯한 효용 목적이다. 하지만 실제는 그것들 모두 완전히 틀렸다는 것이다. 이제 우리는 생명체가 갖고 있는 단 하나의 효용 목적을 아주 자세히 살펴볼 것이다. 그것은 앞에서 말한 어떤 것과도 닮지 않았다.

이 책의 1장은 독자들에게 자연이 극대화하려는 생명체의 진정한 효용 목적은 DNA의 생존이라는 관점을 준비시키기 위해 쓴 것이다. 그러나 DNA는 자유로이 떠다니는 것이 아니라, 살아 있는 신체 안에 갇혀 있으므로 마음대로 휘두를 수 있는 강력한 최상의 수단을 만들어야 한다. 치타의 몸에 있는 DNA는 치타가 영양을 죽이도록 함으로써 자신의 생존을 극대화한다. 영양의 몸에 있는 DNA는 반대의 목적을 추구함으로써 자신의 생존을 극대화한다. 그러나 두 경우 모두 극대화하는 것은 DNA의 생존이다. 이 장에서 나는 실제적인 예를 공학적으로 역추론하려고 한다. 그래서 생명체가 극대화하려는 것이 DNA의 생존이라고 가정하면 모든 것이 얼마나 명확해지는가를 보여 줄 것이다.

야생 상태의 개체군이 갖는 성비(性比)는 대개 50:50이다. 불공평하게도 소수의 수컷이 암컷들을 독점하는, 즉 하렘(harem, 물개처럼 한 마리의 수컷이 여러 마리의 암컷을 거느릴 경우 그 암컷들을 일컫는 말―옮긴이) 제도를 가지고 있는 여러 종들에서는 이 성비가 비경제적인 것처럼 보인다. 코끼리물범 개체군을 자세히 연구한 어떤 보고서에 따르면, 4퍼센트의 수컷이 개체군 내에서 이루어지는 모든 교미의 88퍼센트를 독점한다고 한다. 이 경우 신의 효용 목적이 나머지 대다수를 차지하는 홀아비에게 너무 불공평하다고 이상하게 생각하지 마라. 비용을 절감하려는, 즉 효율에 신경 쓰는 신이라면 교미할 권리를 박탈당한 나머지 96퍼센트의 수컷이 설상가상으로 전 개체군이 사용할 식량 자원의 절반을 낭비한다는 사실을 알아차릴 것이다(사실은 절반 이상이다. 다 자란 코끼리물범 수컷들은 암컷보다 훨씬 크기 때문이다.). 홀아비들이 하는 일이라고는 운 좋은 4퍼센트의 하렘 주인들 중 하나가 죽거나 노쇠하여 자리에서 물러났을 때 그 자리를 차지할 기회를 노리며 마냥 기다리는 것이다. 이 이치에 맞지 않는 홀아비 떼거리의 존재를 어떻게 설명할 수 있을까? 개체군의 경제적인 효율성에 조금이라도 주의를 기울인 효용 목적이라면 그 홀아비들을 만들지 않았을 것이다. 대신 암컷들을 수태시키기에 딱 적당한 수의 수컷만을 만들었을 것이다. 이런 명백한 오류는 다윈이 생각한 생명체의 진정한 효용 목적을 이해하면 간단하다. 그것은 바로 DNA의 생존을 극대화하는 것이다.

성비를 좀 더 자세히 살펴보겠다. 왜냐하면 경제적인 관점에서 접근하면 그것의 효용 목적을 이해하기 힘들기 때문이다. 다윈 자신도 그 문제가 난해하다는 사실을 인정했다. "전에는 양쪽 성을 똑같은 숫자로 생산하는 것이 종에게 이득이 되고, 그런 경향은 자연선택을 통해 굳어졌다고 생각했다. 하지만 지금은 모든 것이 너무 난해해서 그것을 미래에 해결할 문제로 남겨 두는 편이 더 안전하다고 생각한다." 다윈 이후 그 문제를 해결하려고 한 사람은 위대한 피셔 경이다. 그는 다음과 같이 추론했다.

태어나는 모든 개체에게는 정확히 한 명의 어머니와 한 명의 아버지가 있다. 따라서 먼 후대의 자손으로 측정한 전체적인 번식 성공도는 현재 살고 있는 모든 수컷들의 것과 암컷들의 것이 동일하다. 개개의 수컷과 암컷의 번식 성공도를 말하는 게 아니다. 어떤 개체들은 다른 개체들보다 더 성공적이기 때문이다. 수컷과 암컷 전체를 비교할 때 동일하다는 말이다. 자손들 전체는 개개의 수컷과 암컷의 몫으로 나눌 수 있다. 똑같이 나눈다는 뜻이 아니고 단지 나눌 수 있다는 말이다. 모든 수컷들이 나누어 먹는 번식이라는 케이크는 모든 암컷들이 나누어 먹는 것과 똑같은 크기다. 따라서 개체군 안에 암컷보다 수컷이 더 많으면 수컷 한 마리에게 돌아가는 케이크 조각의 평균 크기는 암컷 한 마리에게 돌아가는 평균 크기보다 작아진다. 그러므로 수컷 한 마리의 평균적인 번식 성공도와 암컷 한 마리의 평균적인 번식 성공도는 오로지 수컷과 암컷의 비율에 따라 결정된다. 소수 집단의 성을 가진 개체는 다수 집단의 성을 가진 개체보다 평균적으로 더 큰 번식 성공도를 나타낸다. 성비가 같고 소수 다수를 구분할 수 없을 경우에만 두 성 모두 동일한 번식 성공도를 누린다. 피셔 경은 너무나 간단한 이러한 결론을 순전히 이론적 추론만으로 이끌어 냈다. 모든 아이들에게는 한 명의 아버지와 한 명의 어머니가 있다는 기본적인 사실을 제외한 어떠한 경험적 사실도 필요하지 않다.

새끼의 성은 보통 수태하면서 바로 결정된다. 따라서 개체는 자신의 성을 결정할 힘이 없다고 가정할 수 있다. 피셔가 한 것처럼 부모가 자식의 성을 결정할 힘을 갖고 있다고 가정해 보자. 물론 여기서 말하는 '힘'이란 의식적으로, 또는 고의적으로 휘두를 수 있는 힘을 의미하는 것이 아니다. 질 내의 화학적 환경을 아들을 만드는 정자, 또는 딸을 만드는 정자에게 다소 불리하게 만드는 유전적 소양을 어머니가 갖고 있다는 식이다. 또는 아버지가 아들을 만드는 정자보다 딸을 만드는 정자를 더 많이 생산하는 유전적 경향을 갖고 있다는 식이다. 실제로 일어나는 일이 어떤 방식이든 간에 부모가 딸을 낳아야 할지, 아니면 아들을 낳아야 할지를 결정하려 애쓴다고 생각하자. 이번에도 역시 의식적인 결정을 말하는 것이 아니다. 단지 자손의 성에 영향을 미치기 위해 신체에 어떤 작용을 가하는 유전자가 자연선택되는 과정에 관해 이야기하려는 것이다.

손자의 수를 극대화할 수 있는 아들을 낳아야 할까, 아니면 딸을 낳아야 할까? 어느 성이든 개체군에서 소수 집단인 성의 자식을 가져야 한다는 것은 앞에서 이미 이해했다. 그렇게 하면 자식이 상대적으로 많은 몫의 생식 활동을 하리라고 기대할 수 있고, 상대적으로 많은 손자들을 기대할 수 있다. 만약 어느 성도 다른 성보다 귀하지 않다면, 즉 성비가 50:50이라면 어느 한쪽 성을 선호해도 이로울 것이 없다. 아들을 갖든 딸을 갖든 아무 상관이 없다. 50:50이라는 성비는 영국의 위대한 진화학자 존 메이너드 스미스(John Maynard Smith)가 만든 용어를 사용하면 '진화적으로 안정되어 있다.'라고 할 수 있는 것이다. 50:50이 아닌 다른 성비일 때에만 자식의 성을 어떻게 선택하느냐에 따라 성공 여부가 달라진다. 만일 누군가 왜 개체가 손자와 그 이후의 자손들의 수를 극대화하려고 애쓰는지를 묻는다면, 거기에 답할 필요가 없다. 자손 수를 극대화하도록 하는 유전자는 생물계에서 번창할 것이다. 우리가 기대하는 유전자는 바로 그런 유전자다. 우리가 지금 보고 있는 동물들은 성공적인 조상들의 유전자를 물려받았다.

"50:50이 '최적'의 성비다."라는 말로 피셔의 이론을 표현하는 것은 상당히 그럴듯해 보인다. 그러나 이것은 엄격히 말해서 틀렸다. 수컷이 소수라면 최적의 선택은 수컷인 자식을 낳는 것이고, 암컷이 소수라면 암컷을 낳는 것이 최적의 선택이다. 어느 쪽도 소수가 아니면 최적의 선택은 없다. 즉 제대로 설계된 부모라면 아들이 태어나든 딸이 태어나든 개의치 않는다. 50:50은 진화적으로 안정된 성비라고 말한다. 왜냐하면 자연선택이 그것을 벗어나는 어떤 경향도 허용하지 않기 때문이다. 그리고 성비가 그것을 벗어나면 자연선택이 그 균형을 되찾는 것을 부추기기 때문이다.

더 나아가 피셔는 암컷과 수컷의 개체 수가 자연선택에 의해 정확히 50:50으로 고정되어 있지는 않다는 사실을 깨달았다. 그러나 그가 말한 아들과 딸에 대한 '부모의 지출'은 정확히 50:50의 균형을 유지한다. 부모의 지출이란 애써 구해다 한 아이의 입에 넣어 준 음식들 전부를 말한다. 그리고 그 아이를 돌보기 위해 소비한 시간과 에너지 전부를 의미한다. 그것들은 다른 일, 이를테면 다른 자식을 돌보는 일에 사용할 수 있었던 것들이다. 특정한 물개 종에 속한 부모들은 대개 아들을 돌볼 때, 딸보다 두 배의 시간과 에너지를 소비한다고 가정해 보자. 다 자란 물개 수컷은 암컷에 비해 덩치가 상당히 크기 때문에 (사실은 틀리지만) 이것이 바로 그러한 경우일 거라고 믿기가 쉽다. 그것이 무엇을 의미하는지 생각해 보자. 부모가 진정으로 선택하는 것은 '아들을 하나 낳아야 하나, 아니면 딸을 하나 낳아야 하나?'가 아니라, '아들을 하나 낳아야 하나, 아니면 딸 둘을 낳아야 하나?'다. 왜냐하면 아들 하나를 기르는 데 필요한 음식과 자원으로 딸 둘을 기를 수 있기 때문이다. 개체 수로 측정한 진화적으로 안정된 성비는 수컷 하나에 암컷 둘이다. 그러나 '부모의 지출량'으로 측정하면 진화적으로 안정된 성비는 여전히 50:50이다. 피셔의 이론은 양쪽 성에 투여한 부모의 지출량은 균형을 이룬다는 것이다. 종종 이것은 양쪽 성의 개체 수에서 균형을 이루는 것과 마찬가지일 때가 있다.

앞에서 말한 물개의 경우에도 아들에게 부여하는 부모의 지출량이 딸에게 부여하는 양과 특별히 차이가 나는 것처럼 보이지는 않는다. 다 자란 수컷과 암컷에서 나타나는 현격한 체중 차이는 부모의 지출이 끝나고 난 이후에 생기는 것 같다. 따라서 부모가 결정해야 하는 것은 여전히 '아들을 하나 낳을까, 아니면 딸을 하나 낳을까?'다. 아들이 완전히 성장할 때까지 들어가는 총비용이 딸의 경우보다 훨씬 더 많아도, 결정을 내리는 자(부모)가 추가로 지출할 비용이 없다면, 그것들은 모두 피셔의 이론으로 설명할 수 있다.

비용의 균형에 관한 피셔의 법칙은 한쪽 성의 사망률이 다른 쪽에 비해 높은 경우에도 여전히 유효하다. 가령 수컷 새끼가 암컷 새끼에 비해 더 잘 죽는다고 가정해 보자. 수태할 때의 성비가 정확히 50:50이라면 성년에 도달하는 수컷의 수는 암컷보다 적을 것이다. 따라서 수컷은 소수 집단이 될 것이다. 우리는 순진하게도 자연선택은 아들을 잘 낳는 부모에게 유리하다고 예상할 수 있다. 피셔도 그렇게 예상했다. 그리고 거기에는 정확히 어떤 한계가 있을 것이라고 생각했다. 그는 부모가 아들을 더 많이 낳아서, 그것으로 딸보다 더 높은 아들의 영아 사망률을 정확히 계산하여 생식 연령에 도달하는 아들과 딸의 숫자가 정확히 같아지게 할 것이라고는 예상하지 않았다. 그렇다면 딸을 더 많이 낳는다는 말인가? 아니다. 임신할 때의 성비는 여전히 남성 쪽으로 기울어야 한다. 그 한계는 생식 연령에 도달하는 아들과 딸의 '개체 수'가 아니라 생식 연령에 도달하는 아들과 딸에게 투여하는 '총비용'이 똑같아지는 점까지다.

이 문제를 생각할 때 가장 손쉬운 방법은 다시 한번 결정을 내려야 하는 부모의 입장으로 돌아가 '오래 살아남을 확률이 높은 딸을 낳아야 하나, 아니면 어려서 죽을 확률이 높은 아들을 낳아야 하나?'라는 질문을 던져 보는 것이다. 아들을 낳아서 손자를 보겠다는 결정을 내리면, 어려서 죽을지 모를 아들을 대신하기 위해 여분의 아들을 낳아서 기를 때 들어갈 추가 비용을 감수해야 한다. 따라서 살아 있는 아들들은 각기 죽은 형의 혼령을 등에 업고 다닌다고 생각할 수 있다. 아들을 통해 손자를 보겠다는 결정은 부모에게 추가적인 비용의 낭비, 즉 어려서 죽는 아들에게 비용을 탕진할 것을 요구한다는 말이다. 피셔의 기본 법칙은 여전히 유효하다. (죽는 순간까지 먹여 기른 어린 아들을 포함하여) 아들에게 투여한 재화와 에너지의 총량은 딸에게 투여한 총량과 같아질 것이다.

어려서 죽을 확률이 높은 것이 아니라 부모의 양육이 끝난 후 죽을 확률이 높다면 어떻게 될까? 사실 이런 경우는 흔하다. 다 자란 수컷들은 종종 자기들끼리 싸워서 상처를 입기 때문이다. 이런 상황도 역시 생식 연령에 도달한 개체군 가운데 암컷이 수컷보다 숫자가 더 많은 결과를 낳는다. 이런 점을 감안하면, 생식 연령에 도달한 개체군에 수컷이 귀하기 때문에 거기서 오는 이득을 취하기 위해 부모는 아들을 선호할 것처럼 보인다. 그러나 조금 더 깊이 생각해 보면 이러한 추론은 잘못된 것임을 알 수 있다. 부모가 내려야 할 결정은 다음과 같다. '아들을 낳는다면, 그 녀석은 내 밑을 떠난 후 전투를 벌이다 죽기 쉽겠지? 그러나 전투에서 살아남는다면 내게는 많은 손자가 생길 거야. 반면에 딸을 낳는다면 나는 그 애를 통해 평균적인 수의 손자를 볼 것이 확실해. 그렇다면 나는 아들을 낳아야 할까, 아니면 딸을 낳아야 할까?' 아들을 통해 얻을 수 있는 손자의 수는 여전히 딸을 통해 얻을 수 있는 평균적인 손자의 수와 같다. 그리고 아들에게 들어가는 비용은 여전히 아들이 둥지를 떠나는 순간까지 그를 먹이고 보호하는 데 드는 비용이다. 아들이 둥지를 떠난 후에 죽을 확률이 높다는 사실은 계산에 들어가지 않는다.

이 모든 추론 과정에서 피셔는 '결정을 내리는 자'가 부모라고 가정했다. 만약 결정을 내리는 자가 부모가 아닌 다른 자라면 계산은 달라진다. 어떤 개체가 자신의 성을 스스로 결정할 수 있다고 가정해 보자. 이번에도 역시 고의로 성별에 영향을 준다는 의미는 아니다. 환경에서 비롯된 어떤 조건이나 단서에 의해 개체가 수컷으로 발생할 수도 있고 암컷으로 발생할 수도 있는 유전자를 가정하는 것이다. 간단명료함을 위해 전의 방식대로 개체가 자신의 성을 신중하게 선택하려는 독백으로 이야기를 풀어 나가야겠다. 코끼리물범과 같이 하렘 제도를 채택하고 있는 동물들이 성별을 이처럼 자유롭게 바꿀 수 있는 힘이 있다면 그 결과는 극적일 것이다. 개체들은 하렘을 거느리는 수컷이 되기를 열망할 것이다. 그러나 만약 하렘을 얻는 것에 실패하면 그들은 홀아비 수컷보다는 암컷이 되는 편을 선호할 것이다. 따라서 개체군 내의 성비는 암컷쪽으로 심하게 기울 것이다. 불행하게도 코끼리물범은 정해진 성을 바꿀 수 없다. 그러나 몇 종류의 물고기는 그럴 수 있다. 파란머리놀래기의 수컷은 몸집이 크고 밝은 색을 띤다. 이놈은 우중충한 색깔을 띤 암컷들의 하렘을 거느린다. 어떤 암컷은 다른 암컷보다 크며, 서열에 따른 순위제를 형성한다. 수컷이 죽으면 가장 큰 암컷이 잽싸게 그 자리를 차지하며, 곧 밝은 색깔을 띤 수컷으로 성전환을 한다. 이들 물고기는 양쪽 세계의 장점만을 취하고 있다. 그들은 하렘을 거느리는 군주가 죽기를 기다리며 홀아비로서 생을 허비하는 대신, 생식 활동을 할 수 있는 암컷으로서 기다리는 시간을 보낸다. 파란머리놀래기의 성비 체계는 사회경제학자가 바람직하다고 생각하는 것과 신의 효용 목적이 일치하는 희귀한 예다.

지금까지 우리는 부모가 자식의 성을 결정하는 경우와 개체가 자신의 성을 스스로 결정할 수 있는 경우를 모두 살펴보았다. 다른 누가 또 성을 결정할 수 있을까? 사회성 곤충의 경우 대개는 불임의 노동 계급이 투자에 대한 결정을 한다. 이들 노동 계급은 보통 그들이 돌보고 있는 어린 것의 나이 많은 언니다(흰개미의 경우는 형이기도 하다.). 사회성 곤충으로 사람과 친근한 것이 꿀벌이다. 독자들 중에 벌을 치는 일을 하는 사람이 있다면, 벌통 속의 성비가 언뜻 보기에 피셔가 예상한 것과 일치하지 않는 것처럼 보인다는 사실을 알고 있을 것이다. 먼저 알아 두어야 할 것은 일벌을 암컷으로 간주해서는 안 된다는 점이다. 그들은 법적으로는 암컷이다. 그러나 그것들은 알을 낳지 못한다. 피셔의 이론에 따라 조절되는 성비는 벌통 옆에 우글거리는 수벌과 새로 태어나는 여왕의 비율이다. 꿀벌과 개미의 경우 예상되는 성비는 3:1로 암컷이 많은데, 거기에는 『이기적 유전자(*The Selfish Gene*)』에서 다룬 것처럼 특별한 이유가 있지만 여기서 다시 밝히지는 않겠다. 그러나 예상과는 다르게 실제 성비는 수컷 쪽으로 심하게 기울어 있다. 이것은 벌 치는 사람이면 누구나 알고 있는 사실이다. 번창하는 벌통에서는 한 철에 대여섯 마리의 여왕벌이 태어나는 반면 수벌은 수백, 수천 마리가 태어난다.

이 문제를 어떻게 풀어야 할까? 현대의 진화 이론이 자주 그러하듯이, 우리는 그에 대한 답을 현재 옥스퍼드 대학교 교수로 있는 윌리엄 해밀턴(William D. Hamilton)에게서 구한다. 해밀턴의 이론은 피셔가 영감을 준 성비에 대한 이론 전체를 계발하고 요약한다. 꿀벌의 성비에 관한 수수께끼를 풀 수 있는 열쇠는 그것들이 떼를 짓는다는 두드러진 현상에 있다. 하나의 벌통은 여러 면에서 마치 하나의 개체와 같다. 그것은 성숙하고, 번식하고, 때로는 죽기도 한다. 벌통이 번식한 결과 또 다른 벌 떼가 생긴다. 한여름, 벌통이 번성하면 또 다른 딸 집단을 만든다. 또 하나의 벌 떼를 만들어 내는 것은 벌통이 번식하는 것과 같다. 벌통이 공장이라면 거기서 생긴 다른 하나의 벌 떼는 최종 산물이다. 그것은 그 집단의 고귀한 유전자를 지니고 있다. 하나의 벌 떼 속에는 여왕벌 한 마리와 수천 마리의 일벌이 있다. 그들 모두는 한 덩어리가 되어 부모 벌통을 떠나 바위나 나뭇가지에 떼를 지어 매달린다. 이것은 그들이 새로운 집을 구하기 전에 잠시 기거하는 형태다. 며칠 안에 그들은 굴이나 속이 빈 나무를 발견하여 새로운 보금자리를 마련한다(오늘날에는 대개 벌 치는 사람들이 새 벌통을 마련해 벌 떼를 입주시킨다.).

번창한 벌통에서 해야 할 사업은 새로운 자손 벌 떼를 만들어 내보내는 일이다. 이 사업의 첫 단계는 새 여왕벌을 만드는 일이다. 대개 대여섯 마리의 여왕벌 후보가 만들어지는데 그중 단 한 마리만 살아남는다. 제일 먼저 태어난 여왕벌이 다른 여왕 후보들을 쏘아 죽인다(아마 여분의 여왕 후보들은 단지 만일에 대비하려는 목적에서 만들어진 것 같다.). 여왕벌은 유전학적으로 일벌과 상호 전환될 수 있다. 여왕벌은 벌통의 맨 아래에 있는 특별한 방에서 자라며, 여왕을 만드는 특별히 영양이 풍부한 음식을 먹는다. 이 음식에는 소설가 바버라 카트랜드(Barbara Cartland) 여사가 자신이 장수하고 기품 있게 행동할 수 있는 비결이라고 낭만적으로 소개한 로열 젤리가 들어 있다. 일벌은 더 작은 방에서 자란다. 일벌이 자란 방은 나중에 꿀을 저장하는 데 사용된다. 수벌은 유전학적으로 다르다. 그들은 미수정란이 발생한 것이다. 알이 수벌이 될지 아니면 암벌(여왕벌 · 일벌)이 될지는 여왕벌에게 달려 있다. 여왕벌은 성년기의 삶을 시작하기에 앞서 단 한 차례의 교미 비행을 통해 짝짓기를 한다.

이때 받은 정자를 몸에 저장했다가 남은 생애 동안 그것을 쓴다. 난자들이 난관을 타고 내려올 때, 여왕은 저장해 둔 정자를 풀어서 난자를 수정시키거나, 그렇지 않으면 미수정란 상태로 그냥 낳는다. 여왕벌은 알의 수준에서 성비를 통제한다. 그러나 그 이후에는 모든 권한이 일벌의 손에 달려 있는 듯하다. 애벌레에게 먹이를 공급하는 것이 그들이기 때문이다. 여왕이 장차 수벌이 될 알을 너무 많이 낳으면 일벌은 수벌 애벌레를 굶긴다. 어찌 됐든 일벌들은 암벌로 태어날 알이 일벌이 될지, 아니면 여왕벌이 될지를 통제한다. 이것은 오로지 애벌레의 양육 조건, 특별히 애벌레의 먹이에 달려 있기 때문이다.

이제 성비 문제로 돌아가 일벌이 내려야 할 결정을 살펴보자. 앞에서 살펴보았듯이 일벌은 여왕벌과는 달리 아들이냐 딸이냐를 선택하는 것이 아니라, 형제(수벌)를 생산하느냐, 자매(어린 여왕)를 생산하느냐를 선택한다. 전에 이야기했던 수수께끼로 다시 돌아왔다. 실제 성비는 수컷 쪽으로 심하게 기운 듯하다. 피셔의 견해로는 말이 안 되는 것처럼 보인다. 일벌이 내려야 하는 결정을 좀 더 깊이 생각해 보자. 나는 일벌이 형제냐, 아니면 자매냐를 결정해야 한다고 말했다. 조금만 더 생각해 보자. 형제를 기른다는 결정은 실제로는 다음과 같다. 즉 그것은 그 벌 떼가 한 마리의 수벌을 양육하기 위해 거기에 상당하는 음식이나 자원을 사용할 용의가 있다는 말이다. 그러나 새로운 여왕을 기르겠다는 결정은 그 벌 떼들이 한 마리의 여왕벌을 기르는 데 필요한 자원보다 훨씬 더 많은 것을 요구한다. 새로운 여왕을 양육하겠다는 결정은 새로운 벌 떼를 하나 만들어 내보내겠다는 결정과 마찬가지기 때문이다. 한 마리의 새 여왕벌에게 실제로 투입되는 비용은 무시할 정도로 적은 양의 로열 젤리와 일부 먹이뿐이다. 대부분의 비용은 나중에 새로운 벌 떼가 벌통을 떠날 때 잃어 버릴 수천 마리의 일벌을 만드는 데 들어가는 비용이 차지한다.

이것이야말로 벌의 집단에서 관찰되는 (명백하게 비정상적인) 수컷에 치우친 성비에 대한 설명이다. 그것은 극단적인 예에 해당한다. 피셔의 법칙은 수컷과 암컷의 개체 수가 아니라 수컷과 암컷의 양육비 총액이 같다고 했다. 새 여왕벌에게 들어가는 비용에는 나중에 그 여왕과 함께 벌통을 떠날, 수많은 일벌에게 들어가는 비용이 포함된다. 이것은 마치 가상적인 물개 개체군의 경우와 같다. 즉 한쪽 성을 양육하는 데 필요한 비용이 다른 쪽의 두 배라면, 그 성의 개체 수는 다른 쪽에 비해 절반에 불과할 것이다. 꿀벌의 경우 한 마리의 여왕을 양육하는 데 드는 비용은 한 마리의 수벌을 양육하는 데 드는 비용의 수백, 수천 배다. 여왕벌 뒤에는 새로운 벌 떼를 만드는 데 필요한 수백, 수천의 일벌이 딸려 있기 때문이다. 따라서 여왕벌의 수는 수벌보다 수백 배나 적다. 이 흥미로운 이야기에는 또 다른 하나의 반전이 있다. 새로운 벌 떼가 벌통을 떠날 때, 거기에는 신기하게도 새 여왕이 아니라 늙은 여왕이 들어 있다는 것이다. 그럼에도 불구하고 그 비용은 마찬가지다. 새로운 여왕을 만들겠다는 결정에는 여전히 늙은 여왕을 새로운 집으로 호위해 갈 일벌들을 양육하는 비용을 기꺼이 지출하겠다는 결정이 포함되어 있기 때문이다.

성비에 관한 지금까지의 논의를 마무리하기 위해 처음에 시작했던 하렘의 수수께끼로 돌아가 보자. 거기서는 많은 수의 홀아비 수컷들이 개체군 전체의 식량 자원을 거의 절반(경우에 따라서는 그 이상)이나 낭비하지만, 그들은 번식을 하지도 않고 그렇다고 다른 쓸모 있는 일을 하지도 않는다. 확실히 이러한 제도로는 개체군 전체의 경제적인 부가 극대화되지 못한다. 왜 그럴까? 다시 한번 결정을 내리는 입장으로 돌아가 보자. 즉 손자의 수를 극대화하기 위해 아들을 낳아야 할지, 딸을 낳아야 할지 '결정'하려고 애쓰는 어미의 처지로 말이다. 얼핏 보기에도 그녀가 선택해야 할 양자 간에는 불평등이 내재되어 있다. '아들을 낳는다면 그는 필시 평생을 독신으로 지내기가 쉬울 것이고, 따라서 나는 손자를 하나도 볼 수 없을 거야. 딸을 낳는다면 그 애는 아마 하렘에 속하여 일생을 보낼 테고, 그에 상응하는 손자를 내게 안겨 주겠지. 그렇다면 아들을 낳아야 할까, 아니면 딸을 낳아야 할까?' 이에 대한 답은 이렇다. '그러나 아들을 낳는다면 잘하면 하렘을 거느린 수컷이 될 수도 있고, 그렇게만 된다면 딸을 통해 기대하는 것보다도 훨씬 더 많은 손자를 볼 수 있다.' 논의를 간편하게 하기 위해 모든 암컷들이 평균 속도로 번식하며, 수컷 10마리 중 9마리는 전혀 번식을 못 하고, 한 마리의 수컷이 암컷들을 독점한다고 가정해 보자. 딸을 낳으면 평균적인 수의 손자를 얻을 수 있다. 아들을 낳으면 손자를 전혀 못 볼 확률이 90퍼센트인 반면, 딸을 낳았을 때 얻는 평균 손자 수의 10배에 달하는 손자를 얻을 확률은 10퍼센트다. 따라서 아들을 통해 얻을 수 있는 평균 손자 수는 딸을 통해 얻을 수 있는 평균 손자 수와 같다. 자연선택은 여전히 50:50의 성비를 선호한다. 심지어 종 수준에서 경제적인 면을 고려해 보면 암컷을 많이 낳는 것이 유리할 때조차도 말이다. 피셔의 법칙은 여전히 유효하다.

나는 지금까지의 모든 추론 과정을 동물 개체가 '결정'을 내리는 것으로 표현했다. 하지만 이것은 단지 축약한 것에 불과하다는 점을 다시 밝혀 둔다. 실제로 이루어지는 상황은 유전자 풀(gene pool)에서 손자의 수를 극대화하는 성질이 있는 유전자가 그렇지 않은 다른 유전자보다 더 많아진다는 것이다. 세계는 여러 시대를 거치며 성공적으로 전해 내려온 유전자들로 가득 차게 된다. 자손의 수를 극대화하려는 개체의 결정에 영향을 미치지 않고서 어떻게 유전자가 여러 시대를 거치며 성공적으로 전해질 수 있을까? 피셔의 성비 이론은 이러한 극대화 과정이 어떻게 이루어지는지를 가르쳐 준다. 그것은 종, 또는 개체군의 경제적인 부를 극대화하려는 것과는 다르다.

하렘의 경제에서 볼 수 있는 낭비는 다음과 같이 요약할 수 있다. 수컷들은 뭔가 쓸모 있는 일에 헌신하는 대신, 서로에 대한 쓸모없는 싸움에 에너지와 힘을 낭비한다. 이것은 사실이다. 다윈주의 방식에서는 새끼를 돌보는 일 등이 명백히 '쓸모 있는' 일이다. 만약 수컷들이 서로 경쟁하느라 낭비하는 에너지를 쓸모 있는 일에 돌리면, 노력도 덜 들이고 먹이도 덜 소비하면서 더 많은 새끼들을 양육할 수 있을 것이다.

 기업 구조 조정 전문가가 코끼리물범의 세계를 본다면 깜짝 놀랄 것이다. 다음과 같은 상황이 그 세계에 대한 비유가 될 수 있다. 10명만 있으면 운영할 수 있는 작업장이 있다. 거기서 일할 수 있는 자격을 주는 제비도 10개가 있다. 운영자는 단순히 10명만 고용하는 대신 100명을 고용한다. 매일 아침 100명의 노동자는 제비뽑기로 10명의 일할 사람을 정한다. 그들은 제비를 뺏기 위해 행운을 얻은 10명과 싸우다 하루를 다 보낸다. 제비를 가지면 그에 해당되는 품목을 얻을 수 있다. 그러나 제비를 가진 10명은 제비 외의 어떤 것도 얻지 못한다. 왜냐하면 100명 모두 싸우기에 바빠서 제비를 효과적으로 활용하지 못하기 때문이다. 기업 구조 조정 전문가는 확신한다. 그 사람들 중 90퍼센트는 불필요하다고. 따라서 그들에게 공식적으로 불필요하다는 선고를 내리고 해고해야만 한다.

 수컷들이 육체적인 전투에서만 정력을 낭비하는 것은 아니다. 여기서 말하는 '낭비'는 경제학자나 기업 구조 조정 전문가의 견해로 볼 때의 낭비를 의미한다. 많은 종에서 미인 선발 대회를 발견할 수 있다. 여기에는 직접적인 경제적 의미는 없지만, 사람이 감탄할 만한 효용 목적이 있다. 그것은 바로 탐미주의적인 아름다움이다. 그것을 보고 있노라면, 마치 신의 효용 목적이 종종 (고맙게도 오늘날에는 한물간) 미녀 선발 대회에서 도출되는 것 같다. 그런데 여기서는 암컷들이 아니라 수컷들이 경연을 한다. 이러한 현상은 뇌조류나 목도리도요 같은 조류들의 '렉(lek)'에서 가장 잘 관찰할 수 있다. '렉'이란 수컷들이 전통적으로 암컷들 앞에서 자신들을 뽐내는 경연장으로 사용하는 조그만 구역을 가리킨다. 암컷들은 렉을 방문하여 여러 마리의 수컷들이 과시하는 것을 지켜보다가 그중 하나를 택해 짝짓기를 한다. 렉을 채택하는 종들의 수컷은 자기 몸을 화려하게 치장하여 과시하는데, 여기에는 절하는 동작이나 고개를 까딱거리는 동작, 괴상한 소리 등 눈에 띄는 동작들이 포함된다. '화려하게'라는 단어는 물론 주관적인 가치 판단이다. 북아메리카 서부산 뇌조의 수컷이 보여 주는, 몸을 부풀려 추는 춤과 코르크 마개 뽑는 소리는 같은 종의 암컷에게 그다지 화려하게 보이지 않는 것 같다. 바로 이것이 문제다. 어떤 경우에는 암컷이 갖고 있는 미에 대한 관념이 우리의 것과 일치한다. 그 결과 공작이나 극락조 같은 아름다운(사람이 보기에 아름답다는 말—옮긴이) 새가 생겨난다.

　나이팅게일의 노래, 꿩의 꼬리, 반딧불이의 깜박임, 그리고 열대 산호초에 사는 물고기의 무지갯빛 비늘 등은 모두 아름다움을 극대화한다. 그러나 그것은 인간의 환희를 위해 만든 아름다움이 아니다. 단지 우연히 그렇게 되었을 뿐이다. 우리가 그 아름다움을 즐긴다면 그것은 일종의 보너스요 부산물이다. 수컷을 매력적으로 보게 하는 암컷의 유전자는 자동적으로 디지털 신호의 강을 따라 미래로 흘러 내려간다. 이러한 아름다움이 의미를 갖게 만드는 한 가지 효용 목적이 있다. 이것은 코끼리물범의 성비, 언뜻 보기에 서로 무익한 달리기 경쟁을 벌이는 치타와 영양, 뻐꾸기와 기생충, 눈과 귀 그리고 기관(氣管)들, 불임의 일개미와 왕성한 번식 능력을 가진 여왕개미를 설명할 경우에 적용된다. 그 거대한 절대적인 효용 목적, 생물계의 모든 곳에서 부지런히 극대화하려는 것은 어느 경우에서든 DNA의 생존이다. 이것은 설명하려는 모든 현상에 적용할 수 있다.

공작의 무겁고 거추장스러운 장식 깃털은 뭔가 쓸모 있는 일을 하는 데 방해가 될 수 있다. 대개는 뭔가 쓸모 있는 일을 하지 않지만, 간혹 그런 일을 하고 싶은 내적 욕구를 느낄 때 말이다. 명금류(鳴禽類)의 수컷은 위험할 정도로 많은 시간과 에너지를 노래하는 데 소비한다. 이것은 그들을 위태롭게 한다. 포식자를 유인할 뿐만 아니라 에너지를 소모하고, 재충전할 시간을 낭비하기 때문이다. 굴뚝새의 생태를 관찰한 한 학생은 그가 관찰한 야생의 수컷 중 한 마리는 말 그대로 죽을 때까지 울었다고 했다. 진심으로 그 종의 장기적인 복지를 위하는, 심지어 그 특정한 개체의 장기적인 생존을 위하는 효용 목적이라면 어느 것이든 노래하는 데 드는 노력을, 과시하는 데 드는 자원을, 수컷들끼리 싸우는 데 드는 에너지를 줄일 것이다. 그러나 정말로 극대화해야 하는 것은 DNA의 생존이기 때문에 어느 것도 DNA의 확산을 막을 수 없다. 수컷을 암컷에게 아름답게 보이도록 만드는 것 외의 어떤 효과를 주지 못함에도 불구하고 말이다. 아름다움은 그 자체가 절대적인 미덕은 아니다. 그러나 어떤 유전자가, 무엇이든 암컷이 매력을 느끼는 자질을 수컷에게 제공하면 그 유전자는 싫든 좋든 살아남을 것이다.

왜 숲 속의 나무들은 그렇게 키가 클까? 단지 경쟁하는 나무들보다 높이 솟기 위해서다. 분별 있는 효용 목적이라면 나무들이 모두 키가 작은 상태로 머물러 있게 배려했을 것이다. 키가 작아도 똑같은 양의 햇빛을 받을 수 있으므로 굵은 줄기와 부피 큰 버팀대를 만들 필요가 없고 비용도 훨씬 적게 든다. 그러나 모든 나무들이 키가 작다면, 자연선택은 다른 것보다 조금 더 크게 자란 변이체에게 유리하게 작용할 수밖에 없다. 따라서 판돈은 커지고 게임에서 물러나지 않으려면 다른 것들도 거기에 따라야 한다. 모든 나무들이 바보스러울 정도로, 그리고 허황될 정도로 커질 때까지 그 게임은 치열해진다. 누구도 말릴 수 없다. 그것이 바보스럽고 허황되다고 하는 것은 단지 효율을 극대화하려는 견지에서 사고하는 합리적인 경제 계획 입안자의 입장에서 볼 때 그렇다는 말이다. 하지만 일단 진정한 효용 목적(유전자는 자신의 생존을 극대화하려고 한다.)을 이해하고 나면 모든 것이 명확해진다. 비슷한 예를 한 가지 더 들어 보자. 칵테일 파티에서는 손님 모두가 큰 소리로 떠든다. 그 이유는 다른 사람들이 큰 소리로 떠들고 있기 때문이다. 모든 손님들이 속삭이기로 약속하면 그들은 목청을 덜 혹사시키고 에너지를 덜 소비해도 전과 마찬가지로 다른 사람의 말을 똑똑히 알아들으며 대화할 수 있다. 하지만 그와 같은 약속은 단속하는 사람이 없으면 지켜지지 않는다. 언제나 누군가 그 약속을 어기는 사람이 있어서, 제 욕심만 채우려고 다른 사람보다 조금 더 큰 소리로 말한다. 그러면 한 사람 한 사람씩 목소리가 커지고, 결국은 손님들 전체가 큰 소리로 말하게 된다. 목소리는 점점 커지다가 급기야 모든 사람이 육체적 한계에 부딪혀 더 큰 소리를 내지 못할 때에야 비로소 평형 상태에 도달한다. 이때의 목소리의 크기는 '합리적인' 관점에서 볼 때 적당하다고 생각하는 소리보다 훨씬 더 크다. 모든 사람이 협조해야 하는 어떤 억제는 다시 한번 그 자체의 내적 불안정성에 의해 실패한다. 신의 효용 목적이 최대 다수의 최대 행복인 경우는 거의 없다는 것이 드러난다. 신의 효용 목적은 그 뿌리를 이기적인 욕심을 채우기 위해 비협조적으로 남을 밟고 오르려는 성질에 두고 있다.

사람은 복지라고 하면 집단의 복지를 생각하고 '선(善)'이라고 하면 사회와 종의 미래, 또는 생태계의 선을 생각할 정도로 다소 친절한 경향이 있다. 그러나 자연선택의 근본을 심사숙고해 도출한 신의 효용 목적은 슬프게도 그러한 이상적인 생각과는 거리가 멀다. 확실히 해 두자. 유전자들은 때때로 개체 수준에서 이타적인 협력 자세를 갖도록 프로그램을 만들거나 심지어 개체 자신을 희생하도록 하여 그들의 이기적인 복지를 극대화할 수 있다. 그러나 유전자가 집단의 복지를 위하는 것처럼 보이는 것은 우연의 일치지 유전자가 바라는 1차적인 목적은 아니다. 이것이 바로 '이기적인 유전자'의 의미다.

한 가지 비유를 들어 신의 효용 목적이 갖고 있는 또 다른 면을 살펴보자. 다윈주의 심리학자 니콜라스 험프리(Nicolas Humphrey)는 헨리 포드(Henry Ford)에 관한 계몽적인 이야기를 하나 지어냈다. 즉 다음과 같은 이야기가 '전해진다고 한다.'

효율적인 작업 관리의 대가인 포드가 한번은 미국의 자동차 폐차장을 모두 조사해 포드 사의 모델 T의 부품 중에서 결코 고장 나지 않는 것이 어떤 것인지 알아내라는 지시를 내렸다. 그의 지시를 받은 조사원은 거의 모든 부품들이 고장난다는 보고서를 가지고 돌아왔다. 자축, 브레이크, 피스톤 등 모든 부품들이 고장날 소지가 있다는 것이다. 그러나 그들은 딱 한 가지 예외가 있음을 발견하고 그것에 주의를 기울였다. 그것은 바로 킹핀(앞 차축과 차체를 연결하는 세로 볼트—옮긴이)으로 거의 다 부서진 차에서도 그것만은 변함없이 제 기능을 다하고 있었다. 포드는 모델 T에 들어간 그 킹핀이 거기에 쓰기에는 너무나 훌륭하다는 결론을 내리고, 앞으로는 그것보다 더 품질이 떨어지는 것을 사용하라고 지시했다.

독자들은 아마 나와 마찬가지로 킹핀이 뭔가 하고 의아해 할 것이다. 그러나 그것은 별 문제가 안 된다. 킹핀은 자동차에 필요한 어떤 부품이다. 포드가 가차 없이 내린 결론은 사실 전적으로 논리적이다. 그러지 않았다면 다른 모든 부품의 품질을 킹핀의 수준에 맞게 개선해야만 했을 것이다. 그렇게 되면 포드 사가 만드는 것은 모델 T가 아니라 롤스로이스가 된다. 그것은 그 사업의 목적이 아니다. 롤스로이스는 자동차를 제작하는 사람이라면 누구나 욕심낼 만한 훌륭한 자동차다. 그것은 모델 T도 마찬가지다. 그러나 가격이 다르다. 요는 모든 차를 롤스로이스 제원으로 만드느냐, 아니면 모델 T의 제원으로 만드느냐의 선택을 확실히 하는 데에 있다. 중간 상태의 차를 만든다면, 즉 어떤 부품은 모델 T 수준의 품질로, 다른 부품들은 롤스로이스 수준으로 만든다면 양자의 나쁜 점만 취한 결과가 된다. 왜냐하면 가장 약한 부품이 고장나면 차는 폐기될 것이고, 고장나지 않은 고품질의 부품을 함께 폐기하는 것은 낭비기 때문이다.

포드의 교훈은 자동차가 아니라 살아 있는 생명체에게 훨씬 더 큰 의미를 갖는다. 자동차의 부품은 어떤 한도 내에서 대체품으로 교환할 수 있기 때문이다. 나무 위에서 살아가는 원숭이와 긴팔원숭이는 언제나 땅에 떨어져 뼈가 부러질 위험을 안고 있다. 원숭이의 사체에서 신체의 주요 골격 중 어느 것이 얼마나 자주 부러지는가를 조사한다고 생각해 보자. 조사 결과 모든 뼈가 때때로 부러지지만, 딱 하나 예외가 있어서 종아리뼈(정강이뼈에 평행하게 붙어 있는 뼈)는 부러진 예가 전혀 관찰되지 않았다고 하자. 헨리 포드의 주저 없는 처방은 그 종아리뼈를 더 열등한 제원으로 다시 설계하도록 지시할 것이다. 그리고 이것은 자연선택이 조장하는 바와 똑같다. 약한 종아리뼈를 가진 돌연변이 개체(귀중한 칼슘을 종아리뼈에서 빼내 다른 목적에 사용하는 돌연변이 개체)는 종아리뼈에서 빼내 비축한 물질을 몸에 있는 다른 뼈를 굵게 만드는 데 사용한다. 그래서 모든 뼈가 비슷한 정도로 부러지는 이상적인 상태를 만든다. 돌연변이는 종아리뼈에서 빼내 비축한 칼슘으로 젖을 더 만들 수도 있고, 결과적으로 새끼를 더 많이 기를 수 있다. 최소한 종아리뼈 다음으로 단단한 뼈 정도로 부러질 때까지 종아리뼈의 강도는 안전하게 줄어들 수 있다. 그런데 이것의 대안, 즉 모든 부품을 종아리뼈의 수준으로 끌어올리는 롤스로이스 해법은 달성하기가 어렵다.

　하지만 계산은 이처럼 간단하지 않다. 어떤 뼈는 다른 것보다 더 중요하기 때문이다. 거미원숭이는 발뒤꿈치뼈가 부러진 채로는 꽤 오래 살 수 있지만, 팔뼈가 부러진 채로는 오래 살지 못할 것이다. 따라서 자연선택이 글자 그대로 모든 뼈가 같은 정도로 잘 부러지게 만들 것이라고 예상할 수는 없다. 헨리 포드의 이야기에서 우리가 얻을 수 있는 주요 교훈은 의심할 여지없이 옳다. 어떤 동물의 부품 하나가 너무 품질이 뛰어나다면 자연선택은 그것의 질을 신체의 다른 부품들의 질과 균형을 이루는 점까지 떨어뜨릴 것이라고 예상할 수 있다. 그러나 그 이하로는 떨어뜨리지 않을 것이다. 자연선택은 신체의 모든 부위에서 적절한 균형이 이루어질 때까지 품질을 상향 조정하거나 하향 조정하는 역할을 할 것이다.

생명체에서 관찰할 수 있는 두 가지의 다소 동떨어진 양상에서 이러한 균형이 이루어질 때 쉽게 이해될 수 있다. 가령 암컷 공작의 눈에는 수컷 공작이 생존과 아름다움 사이에서 균형을 잡고 있는 것처럼 보인다. 다윈의 이론에 따르면 모든 생존은 단지 유전자를 전파하는 목적을 달성하기 위한 수단에 불과하다. 그러나 기본적으로 개체의 생존을 위해 필요한 다리 등의 부품과 번식을 위해 필요한 외부 생식기 등의 부품이 한데 모여 신체를 구성하는 것을 막지는 못한다. 또 경쟁자와 싸우는 데 사용하는 뿔 같은 부품과, 경쟁자의 존재와는 상관없는 다리나 외부 생식기가 한데 모여 신체를 구성한다. 많은 곤충들은 몇 가지 단계로 자신의 생활사를 엄격히 구분한다. 예를 들어 나비는 애벌레의 시기는 먹이를 먹고 성장하는 데 바친다. 어른 나비의 시기는 번식 활동에 바친다. 나비가 찾아가는 꽃 역시 번식을 위한 기관이다. 나비는 더 이상 성장하지 않는다. 꿀을 빠는 즉시 그것을 비행 연료로 소비한다. 나비가 성공적으로 번식했을 때 그것은 잘 날고 짝짓기도 잘 하는 나비를 만드는 유전자를 퍼뜨린 것이 아니라, 잘 먹고 잘 자라는 애벌레를 만드는 유전자를 퍼뜨린 것이다. 하루살이는 물 속에서 애벌레 상태로 3년 동안을 먹고 자란다. 그런 다음 날 수 있는 성체로 탈바꿈한다. 성체는 몇 시간밖에 살지 못한다. 대다수는 물고기에게 잡아먹히지만, 그렇게 되지 않아도 어쨌든 곧 죽는다. 하루살이의 성체는 무언가를 먹을 수도 없고, 심지어 창자도 없기 때문이다(헨리 포드는 그놈들을 사랑했을 것이다.). 그들이 하는 일은 짝을 찾을 때까지 날아다니는 것이다. 그런 다음 3년 동안 물 속에서 잘 먹고 클 수 있는 애벌레를 만드는 유전자까지 포함해 자신의 유전자를 다음 세대로 전하고 죽는다. 하루살이는 몇 년 동안 잘 자란 후에 단 하루의 영광된 날에 꽃을 피우고 죽는 나무와 같다. 하루살이 성체는 생의 막바지와 새 생명이 시작되는 시점에 잠깐 피었다 지는 꽃이다.

어린 연어는 태어난 강에서 하류로 이동해 생애의 많은 시간을 바다에서 먹고 자라는 데 보낸다. 연어가 성숙하면 태어난 강의 입구를 다시 찾는데, 아마 냄새로 찾는 것 같다. 오래전에 태어났던 상류로 돌아가기 위한 대장정에서 연어는 물을 거슬러 헤엄치고 폭포를 뛰어넘고 급류를 건넌다. 상류에 도착하면 산란에 이어 새로운 주기가 시작된다. 바로 여기에 대서양연어와 태평양연어의 전형적인 차이점이 있다. 대서양연어는 알을 낳은 후 다시 바다로 돌아가 두 번째 주기를 반복할 기회를 갖는다. 반면 힘을 다 써버린 태평양연어는 산란한 그날 죽는다.

하루살이가 유충과 성충 시기에 해부학적으로 단절을 보인다는 점만 제외하면, 태평양연어는 하루살이와 비슷하다. 강을 거슬러 헤엄치는 데 드는 노력이 그 일을 두 번 시도하기에는 너무 크다. 자연선택은 자기가 가지고 있는 모든 자원을 한 번의 '빅 뱅'에 쏟아 붓는 개체에게 유리하게 작용한다. 알을 낳은 후에 남은 자원은 헨리 포드의 모델 T에서 너무 좋은 품질의 킹핀과 마찬가지로 낭비다. 태평양연어는 번식한 후에 생존할 확률을 0이 될 때까지 낮추는 방향으로 진화해 왔다. 거기서 빼내 비축한 자원은 알이나 정자를 만드는 데 이용할 수 있다. 대서양연어는 다른 방향으로 진화했다. 대서양연어들 중에서 두 번째 번식을 위해 에너지를 조금 남겨 두는 개체는 가끔 그 목적을 이룰 수 있다. 아마 이들이 거슬러 올라가야 할 강은 길이가 더 짧거나 표고가 더 낮기 때문일 것이다. 대서양연어는 한 번 알을 낳는 데 너무 많은 대가를 지불하지 않는다. 생존과 번식 사이에서 거래가 이루어진다. 여러 종류의 연어는 여러 종류의 평형 상태를 선택한다. 연어의 생활사에서 볼 수 있는 독특한 양상은 그 고단한 여정에 불연속성이 있다는 것이다. 즉 번식기를 한 번만 갖는 것과 두 번을 갖는 것 사이에는 연속성이 없다. 두 번째 번식기를 갖기 위해서는 처음부터 과감하게 효율을 제한해야 한다. 태평양연어는 첫 번째 번식기에 전력투구하는 것으로 명확하게 진로를 잡고 진화해 왔다. 그 결과 전형적인 태평양연어는 단 한 번의 엄청난 산란에 모든 힘을 쏟고 그 즉시 죽는다.

모든 생물에서 같은 종류의 거래를 관찰할 수 있다. 그러나 대개는 덜 극적이다. 사람이 죽는 것도 연어의 경우와 마찬가지 의미로 덜 노골적이고 덜 명쾌한 방식으로 이루어진다. 우생학자라면 의심할 여지없이 가장 오래 사는 인종을 번식시키려 할 것이다. 자녀 대신 자기 몸에 모든 자원을 쏟아 붓는 그런 사람들 말이다. 예를 들어 이런 사람들은 뼈를 아주 강하게 만들기 위해 젖을 만들 칼

슘을 거의 남겨 놓지 않는다. 다음 세대를 희생하고 자신만을 돌본다면 조금 더 오래 사는 것은 쉬운 일이다. 우생학자라면 그런 일을 할 수 있고, 수명 연장을 위해 원하는 형태로 거래를 할 수 있다. 그러나 자연은 그런 방식의 거래를 하지 않는다. 다음 세대에게 인색한 유전자는 오래 가지 못하기 때문이다.

자연의 효용 목적은 긴 수명 그 자체에 가치를 두지 않는다. 단지 미래의 번식을 위하는 측면에서 수명 연장을 평가할 뿐이다. 사람과 같은 동물들은 태평양연어와는 달리 현재의 자식과 미래의 자식들 사이에서 한 번 이상 거래를 한다. 액면가 그대로의 거래다. 첫 번째 배의 새끼들에게 모든 것을 투자하는 토끼는 매우 튼실한 첫 번째 배의 새끼를 갖게 될 것이나 두 번째 배의 새끼를 낳으려고 할 때 남아 있는 것이 없다. 그러나 첫 번째 배의 새끼에게 모든 것을 쏟아 붓는 것이 아니라 뭔가 남겨 두도록 하는 유전자들은 두 번째, 세 번째 배의 새끼들의 몸을 통해 토끼 개체군 전체에 퍼질 것이다. 이런 유전자가 태평양연어의 개체군에는 퍼지지 않은 것이 확실하다. 한 번만 번식하는 것과 두 번 번식하는 것 사이에 있는 불연속성을 극복하는 것이 만만치 않기 때문이다.

나이를 먹으면서 이듬해에 죽을 확률은 처음에 줄어들다가 잠시 동안의 정체기를 거친 후 끝에 가서는 줄곧 증가한다. 사망률이 이렇게 줄곧 증가하는 동안에 도대체 어떤 일이 벌어지는 걸까? 이것은 기본적으로 태평양연어가 산란을 마친 후 죽는 것과 마찬가지 원리다. 단지 한 번에 왕창 알을 낳고 곧바로 죽어 버리는 대신 기간을 조금 늘려서 차근차근 죽어 간다는 차이점이 있을 뿐이다. 노벨상을 수상한 의학자 피터 메더워(Peter Medawar) 경은, 저명한 진화학자 조지 윌리엄스(George C. Williams)와 해밀턴이 제시한 기본 개념을 다양하게 변조시켜, 1950년대에 처음으로 노년기가 진화하게 된 원리를 연구했다. 그가 주장한 핵심은 다음과 같다.

1장에서 보았듯이 모든 유전적 효과는 정상적으로는 그 개체의 일생 중 특정한 시점에 나타난다. 많은 유전자는 초기의 배(胚) 시절에 작용한다. 그러나 향토 시인이자 가수인 우디 거트리(Woody Guthrie)를 죽인 질병인 헌팅턴 무도병(舞蹈病) 유전자와 같은 일부 유전자는 중년기가 되어서야 비로소 드러난다. 한편 드러난 시기를 포함한 유전적 효과의 세부 사항은 다른 유전자들에 의해 조정된다. 헌팅턴 무도병 유전자를 가지고 있는 사람은 그 질병으로 죽는다. 그가 40세에 죽느냐, 아니면 (우디 거트리처럼) 55세에 죽느냐는 다른 유전자의 영향을 받을 수 있다. 따라서 진화 기간 동안 조절 유전자의 자연선택을 통해 특정한 유전자의 발현 시기는 미루어지거나 앞당겨질 수 있다.

35세와 55세 사이에 발현되는 헌팅턴 무도병 유전자와 같은 유전자는 그것을 갖고 있는 사람이 죽기 전에 다음 세대로 전달될 수 있는 기회가 많다. 그 유전자가 20세에 나타난다면 다소 어린 나이에 자녀를 갖게 된 사람들에 의해서만 다음 세대로 전달된다. 따라서 그 유전자는 도태될 가능성이 크다. 만일 그 유전자가 10살 때 나타난다면, 거의 다음 세대로 전달되지 못한다. 자연선택은 헌팅턴 무도병 유전자의 발현을 늦추는 효과를 가진 조절 유전자에게 유리하게 작용할 것이다. 메더워와 윌리엄스의 이론에 따르면 헌팅턴 무도병 유전자가 중년에야 비로소 발현되는 이유가 바로 그것이다. 옛날에는 그것이 어렸을 때 발현되는 유전자였을 것이다. 그러나 자연선택이 그 유전자의 치명적인 효과를 중년이 되어서야 비로소 발현하게 만들었을 것이다. 그 시기를 더 늦추도록 하는 것이 미약하나마 지금도 여전히 존재한다는 것은 의심할 여지가 없다. 그러나 이 압력은 너무 약하다. 그 치명적 효과에 의해 개체가 희생당할 때에는 이미 유전자를 다음 세대에 물려주고 난 다음이기 때문이다.

헌팅턴 무도병 유전자는 특별히 명확한 치사 유전자의 예다. 그 자체는 치명적이지 않지만 어떤 다른 원인에 의해 사망할 확률을 높이는 유전자를 반(半)치사 유전자라 부르는데, 여기에는 여러 종류가 있다. 그것들 역시 발현되는 시기는 아마 조절 유전자의 영향을 받을 것이다. 따라서 그 시기는 자연선택에 의해 늦춰지거나 빨라질 것이다. 메더워는 치사 유전자와 반치사 유전자의 효과가 누적된 것이 노화라고 했다. 그 유전자들이 발현되는 시기는 생활사에서 뒤로 늦춰졌고, 생식 연령 이후에 활동한다는 이유만으로 번식의 관문을 통과하여 다음 세대로 전달된 것임을 깨달았다.

미국의 원로 진화학자인 윌리엄스가 1957년에 제시한 해결책은 매우 중요하다. 그것은 거래라는 관점으로 이야기를 되돌린다. 그것을 이해하기 위해서는 두 가지 추가적인 배경을 알아 둘 필요가 있다. 하나의 유전자는 대개 두 가지 이상의 효과를 가지고 있다. 종종 그 효과는 겉보기에는 상당히 멀리 떨어진 신체 부위에서 나타난다. 이러한 '다면(多面) 효과'는 사실이다. 유전자가 배의 발생 과정에 영향을 미치고, 배의 발생이 복잡한 과정임을 감안하면 충분히 예상할 수 있는 것이다. 모든 새로운 돌연변이는 단지 하나의 효과만 나타내는 것이 아니라 여러 가지 효과를 나타낸다. 그 효과들 중 하나가 이로운 것일지라도, 그밖의 효과가 이로울 가능성은 적다. 대부분의 돌연변이가 나쁜 결과를 초래한다는 단순한 이유 때문이다. 이 말은 사실일 뿐만 아니라 논리적으로도 예상할 수 있다. 라디오처럼 복잡하게 작동하는 메커니즘이 있다고 할 때, 그것이 나빠지는 방법은 좋아지는 방법보다 훨씬 더 많다.

이를테면 젊은 수컷의 성적 매력을 증가시키는 것과 같이, 어렸을 때 이로운 효과를 나타낸다는 이유로 어떤 유전자가 자연선택될 때면, 언제나 거기에는 그 반대의 효과를 내는 유전자가 있게 마련이다. 예를 들면 중년이나 노년에 특정한 질병을 유발하는 유전자가 있다. 이론상 연령 효과는 다른 방식으로 나타날 수 있다. 메더워의 논리를 따르면, 어렸을 때 질병을 유발하는 유전자가 노년에 이로운 효과를 나타낸다는 이유로 자연선택되기는 거의 힘들다. 더욱이 우리는 조절 유전자에 관해 이야기했던 요점을 알고 있다. 하나의 유전자가 나타내는 좋거나 나쁜 여러 가지 효과들은 각각 그 이후의 진화 과정에서 발현되는 시기가 바뀔 수 있다. 메더워의 원리에 따르면 좋은 효과가 발현되는 시기는 더 어린 시절로 옮겨 가는 경향이 있고, 나쁜 효과가 발현되는 시기는 자꾸 뒤로 늦춰지는 경향이 있다. 더욱이 어떤 경우에는 초기의 효과와 후기의 효과 사이에 직접적인 교환이 이루어진다. 이것은 연어에 관해 이야기할 때 암시했다. 어떤 동물이 위험으로부터 도망치기 위해 육체를 강하게 만드는 데 쓸 수 있는 자원이 제한되어 있다면, 자연선택은 그 자원을 초기에 소비하도록 하는 경향을 더 선호할 것이다. 이미 가진 자원을 나중에 사용하는 자는 그것을 소비할 수 있는 기회를 갖기 전에 다른 원인으로 인해 죽어 버릴 가능성이 크다. 메더워의 일반적인 견해를 1장에서 소개했던 단어의 의미로 분류해 보자. 모든 사람은 끊어지지 않는 조상들의 계보에서 유래했으며, 모든 조상들은 그들 생애의 한때는 젊었다(누구나 번식할 수 있는 나이는 넘겼다는 뜻—옮긴이). 그러나 많은 조상들은 결코 늙어 보지 못했다(늙을 사이도 없이 일찍 죽었다는 뜻—옮긴이). 따라서 우리는 어렸을 때 형질을 발현하는 유전자는 모두 물려받았으나, 늙은 후에 형질을 발현하는 유전자는 물려받았을 수도 있고 받지 않았을 수도 있다. 우리는 태어나고 나서 오랜 시간이 흐른 후 죽게 만드는 유전자를 물려받는 경향이 있다. 하지만 태어난 지 얼마 안 되서 죽게 만드는 유전자는 잘 물려받지 않는 경향이 있다.

이번 장의 비관적인 첫 부분으로 돌아가 보자. 효용 목적(극대화하려는)이 DNA의 생존일 때, 그것은 행복을 위한 처방과는 거리가 멀다. DNA가 전달되는 한 그 과정 중에 누가, 또는 무엇이 고통을 당하든 문제가 되지 않는다. 다윈이 말한 맵시벌의 유전자에게는, 먹이로 잡아 온 나방이나 나비의 애벌레가 살아 있어서 신선한 상태를 유지하는 것이 좋다. 그 고통이 어떤 것이든 상관하지 않는다. 유전자는 고통 따위에 신경쓰지 않는다. 왜냐하면 그것은 그 어떤 것도 배려하지 않기 때문이다.

자연이 친절했다면 애벌레가 산 채로 몸속에서부터 파 먹히기 전에 최소한 신경을 마비시키는 작은 배려라도 했을 것이다. 하지만 자연은 친절하지도 불친절하지도 않다. 고통받는 것을 지양하지도 않고 그것을 선호하지도 않는다. 자연은 고통이 DNA의 생존에 영향을 미치지 않는 한, 그것이 어떠하든 관심을 두지 않는다. 가령 가젤이 치명적인 공격을 받고 고통을 느끼려 할 때 마음을 편안하게 만드는 유전자를 쉽게 상상할 수 있다. 과연 그러한 유전자가 자연선택에 의해 진화할까? 가젤의 마음을 편안하게 만드는 작용을 하는 그 유전자가 다음 세대로 전달되며 번성할 확률을 높이지 않는 한 그 유전자는 진화하지 않는다. 왜 그렇게 될 수밖에 없는가를 이해하기는 어렵다. 우리는 가젤이 죽음으로 내몰릴 때, 무시무시한 고통과 공포에 시달릴 것이라고 추측한다. 대부분이 그렇다. 자연계에서 1년 동안 나타난 고통의 총량은 상상을 초월한다. 내가 이 문장을 쓰는 동안에도 수천 마리의 동물들이 산 채로 먹히고 있다. 다른 놈들은 공포에 흐느끼며 살기 위해 달리고 있고, 다른 놈들을 기생충에 의해 몸속에서부터 천천히 갉아 먹히고 있다. 모든 종에서 수천의 개체들이 굶주림과 갈증, 질병으로 죽어 간다. 틀림없이 그렇다. 만약 풍요한 시절이 온다면, 바로 그 사실이 개체군을 자동적으로 증가시킨다. 그래서 이번에는 늘어난 개체군에 의해 굶주림과 불행의 자연적인 상태가 다시 나타난다.

신학자들은 '악의 문제'와 그것과 연관된 '고통의 문제'에 관한 걱정을 나름대로 떨쳐 버렸다. 이 단락을 처음 쓰던 날, 영국의 신문들은 로마 가톨릭 학교에 소속된 어린이들을 가득 싣고 가던 버스의 사고 소식을 일제히 보도했다. 그 버스는 확실한 이유 없이 사고가 나서 타고 있던 어린이가 모두 죽었다. 런던의 한 신문《더 선데이 텔레그래프(*The Sunday Telegraph*)》에서 한 작가가 다음과 같은 신학적인 질문을 신학자들에게 던진 것은 그때가 처음은 아니었다. "자애롭고 전지전능한 하느님께서 그러한 비극이 일어나도록 허용했다는 사실을 어떻게 믿을 수 있겠는가?" 그 기사에는 한 성직자의 답변이 함께 실렸다. "그에 대한 답은 간단하다. 즉 우리는 왜 신께서 이런 끔찍한 일이 일어나게 하셨는지를 모른다. 그러나 교통사고의 공포는 무엇이 긍정적이고 무엇이 부정적인지가 명확한, 진정한 가치의 세계에 우리가 살고 있다는 사실을 신자들에게 확신시킨다. 만약 우주가 단지 전자(電子)들의 집합체에 불과하다면 악이나 고통의 문제는 없을 것이다."

우주가 단순히 전자와 이기적인 유전자의 집합이라면 그 버스사고와 같은 의미 없는 비극은 똑같이 의미 없는 운에 의해 정확히 예상할 수 있는 것이다. 그러한 우주는 의도적으로 악하지도 선하지도 않다. 어떤 종류의 의도도 공표하지 않는다. 맹목적인 물리적 힘과 유전적 복제로 이루어진 우주에서 어떤 이는 고통을 받고, 어떤 이는 행운을 얻는다. 거기에서는 어떤 이유나 암시도 찾아볼 수 없으며, 어떠한 정의도 찾을 수 없다. 우리가 보고 있는 우주는 그 근저에 어떤 계획도 의도도 선악도 없고, 단지 맹목적이고 무자비한 무관심 외에는 아무것도 없다고 했을 때 우리가 예상할 수 있는 그러한 성질들을 정확하게 가지고 있다. 그래서 불운한 시인 하우스먼(A. E. Housman)은 다음과 같이 읊었다.

> 무정한 자연은, 제정신을 잃은 자연은
>
> 알지도 못하며 신경 쓰지도 않을 것이다.

DNA는 알지도 못하고 신경 쓰지도 않는다. DNA는 단지 존재할 뿐이다. 우리는 DNA가 연주하는 음악에 맞춰 춤을 출 뿐이다.

복제자 폭탄

대부분의 항성들은 수십억 년 동안 일정한 속도로 탄다. 태양이 그 전형적인 예다. 그런데 아주 드물게 은하계의 어느 곳에서 항성이 특별한 예고 없이 갑자기 폭발해 초신성이 된다. 1주일 정도밖에 안 되는 짧은 기간에 밝기가 수십억 배나 증가하며, 그 후에는 검은 잔해만을 남기고 죽는다. 초신성으로 지내는 그 짧은 나날 동안 그 전의 수억 년 동안 보통의 항성으로 지내면서 방출한 에너지보다 더 많은 에너지를 방출한다. 만약 태양이 초신성이 된다면 태양계 전체는 일순간에 증발해 버릴 것이다. 다행히도 그럴 가능성은 거의 없다. 수천억 개의 항성이 있는 은하에서 천문학자들이 기록한 초신성은 1054년, 1572년, 1604년에 각각 하나씩, 단 세 개밖에는 없다. 게성운은 1054년에 폭발한 초신성의 잔해물이다. 중국의 천문학자가 이 사건을 기록했다. 내가 1054년이라고 말한 것은 그 초신성의 폭발 소식이 1054년에 지구에 도달했다는 뜻이다. 그 사건 자체는 6,000년 전에 일어났다. 그때 생긴 빛의 파장이 지구에 도달한 때가 1054년이다. 1604년 이후에 관찰된 유일한 초신성 폭발은 다른 은하계에서 생긴 것이다.

항성에서 일어날 수 있는 다른 형태의 폭발이 있다. 그 폭발의 결과는 '초신성'이 아니라 '정보'다. 이 폭발은 초신성의 경우보다 훨씬 느리게 시작하며 끝나기까지 비교할 수 없을 정도로 긴 시간이 걸린다. 우리는 그것을 정보의 폭탄, 또는 결과가 확실하기 때문에 복제자 폭탄이라고 부른다. 그것이 완성되는 처음 수십억 년 동안에는 가까이 다가가야만 그 복제자 폭탄을 탐지할 수 있다. 마침내 그 폭발에 관한 희미한 정보가 더 넓은 우주 공간으로 퍼져 나가면 먼 거리에서도 탐지할 수 있게 된다. 적어도 탐지할 수 있는 가능성이 생긴다. 이런 종류의 폭발이 어떻게 끝날지는 알 수 없다. 결국은 아마 초신성처럼 사라질 것이다. 그것이 어디까지 진행될지도 알 수 없다. 아마 격렬하고 파괴적인 대재앙으로 끝날 수도 있을 것이다. 아니면 좀 더 조용하게 어떤 물체를 반복해서 방출할 것이다. 이 물체는 단순한 탄도 비행이 아니라 유도 비행으로 항성을 벗어나 먼 우주 공간으로 날아가서 다른 태양계에 똑같은 폭발을 이식할 수도 있을 것이다.

우주에 있는 복제자 폭탄에 대해 우리가 알고 있는 것이 거의 없는 이유는 아직 한 가지 예밖에는 관찰하지 못했으며, 어떤 현상이든 한 가지 예로는 일반화하기에 충분하지 않기 때문이다. 우리가 알고 있는 그 한 가지 예는 아직도 역사가 진행 중이다. 지금까지 30억 년은 넘고 40억 년은 안 되는 역사를 진행시켜 왔는데, 이제 막 그 항성을 벗어나 가까운 근처까지 퍼져 나가려 하고 있다. 지금 이야기하는 그 항성은 은하의 나선팔 중 하나에 속하며 그 가장자리에 있는 황색 왜성이다. 우리는 그것을 태양이라고 부른다. 사실 그 폭발은 태양 가까이에서 궤도를 돌고 있는 행성들 중 하나에서 시작됐다. 그러나 그 폭발이 일어나게 한 에너지는 모두 태양에서 나왔다. 그 행성은 물론 지구다. 그 40억 년 된 폭발, 또는 복제자 폭탄을 우리는 생명이라고 부른다. 인간은 그 복제자 폭탄을 바깥세상으로 알리는 데 매우 중요한 존재다. 왜냐하면 인간을 통해서(우리의 뇌, 우리의 상징 문화, 그리고 우리의 기술을 통해서) 그 폭발이 다음 단계로 진행하고, 우주 공간 깊숙이 울려 퍼지게 되었기 때문이다.

앞에서 이야기했듯이 우리의 복제자 폭탄이 지금까지는 우리가 알고 있는 우주에서 유일한 복제자 폭탄이다. 그러나 이 말이 반드시 복제자 폭탄이 초신성보다 더 드문 사건이라는 것을 의미하지는 않는다. 초신성은 우리 은하에서 세 번이나 관찰되었지만, 솔직히 말하면 초신성은 막대한 양의 에너지가 방출되기 때문에 멀리 떨어진 곳에서도 쉽게 관찰할 수 있다. 사람이 발명한 라디오 전파가 지구를 떠나 우주 공간으로 퍼져 나가기 시작한 몇십 년 전까지는 지구와 꽤 가까운 곳에 있는 행성에서도 지구의 생명 폭발을 탐지할 수 없었을 것이다. 최근까지 지구의 생명 폭발을 외부에서 확실히 알 수 있게 해 준 유일한 단서는 아마 오스트레일리아에 있는 대산호초(the Great Barrier Reef)였을 것이다.

초신성의 폭발은 거대하고 순간적이다. 어느 폭발이든 그 시발점은 어떤 변량이 임계값을 넘어서는 것이다. 그런 다음에는 사태가 걷잡을 수 없이 급속도로 진행되어 시발점이 된 사건보다 훨씬 더 큰 결과가 나타난다. 복제자 폭탄의 시발점이 되는 사건은 스스로를 복제하는, 그러면서 조금씩 변할 수 있는 어떤 존재의 자연 발생이다. 자기 복제가 폭발적인 현상이 될 소지가 있는 이유는, 여느 폭발과 마찬가지로 그 수가 지수함수적으로 증가하기 때문이다. 즉 많이 갖고 있을수록 더 많이 얻는다. 스스로를 복제하는 물체가 하나 있다면, 그것은 곧 2개가 된다. 그런 다음 그 2개는 각각 복제품을 하나씩 더 만들어서 이제는 4개가 된다. 그 다음은 8개, 그 다음은 16개, 그 다음은 32개, 그 다음은 64개, 128, 256, 512, 1024……. 이런 배수화를 30세대만 되풀이해도 10억 개 이상의 복제품을 얻을 수 있다. 50세대 후에는 1000조가 된다. 200세대 후에는 10^{60}이 된다. 이론상으로는 그렇게 된다. 그러나 실제로는 그런 일은 절대로 벌어질 수 없다. 그 숫자는 온 우주에 있는 원자의 수보다도 더 크기 때문이다. 자기 복제의 폭발적인 과정은 200세대까지 가기 훨씬 전에 한계에 도달할 수밖에 없다.

그 복제 사건이 최초에 이 지구에서 일어났다는 직접적인 증거는 없다. 단지 우리도 그 일부인 총체적인 폭발 때문에 그 사건이 일어났을 수밖에 없다고 말할 뿐이다. 최초의 결정적인 사건, 즉 자기 복제의 시작이 어떠했을지는 정확히 알지 못한다. 하지만 그것이 어떤 종류의 사건이어야만 하는지는 말할 수 있다. 그것은 화학적인 사건으로 시작했다.

화학은 모든 항성과 모든 행성에서 진행되는 드라마다. 화학이라는 연극에서 연기자는 원자와 분자다. 우리가 익숙해져 있는 수 개념에 따르면 가장 귀한 원자도 그 수는 엄청나게 많다. 아이작 아시모프(Isaac Asimov)는 가장 귀한 원소의 원자 수를 계산한 적이 있는데, 그 수는 '단지 10억 개'에 불과하다. 화학에서의 기본 단위(원자—옮긴이)는 항상 파트너를 바꾸며 변화하지만 언제나 많은 수를 차지하는 더 큰 단위를 만들어 낸다. 그것이 바로 분자다. 그 수가 얼마나 많든 간에, 정해진 형태의 분자들은(어떤 종의 동물, 또는 스트라디바리우스(Stradivarius) 바이올린 등과는 달리) 언제나 똑같다. 화학에서 원자들이 춤추는 관례에 따라 어떤 분자들은 더 흔하게 되고 어떤 분자들은 더 드물게 된다. 생물학자라면 더 흔한 분자들을 '성공적인 것'이라고 표현하고 싶은 유혹을 느낄 것이다. 그러나 아직은 이런 유혹에 넘어가지 않는 편이 좋다. 성공이라는 단어가 내포하는 의미는 우리 이야기의 나중 단계에서나 발생하는 성질이기 때문이다.

그렇다면 생명을 폭발시킨 결정적인 계기가 된 사건은 무엇인가? 나는 그것이 스스로를 복제하는 존재의 발생이라고 말했다. 이것은 유전 현상('비슷한 것이 비슷한 것을 낳는다.'라는 꼬리표를 붙일 수 있는 과정)의 발생과도 같은 의미다. 이것은 보통의 분자들에게서는 찾아볼 수 없는 성질이다. 물 분자는 엄청나게 많이 있지만 진정한 유전 현상에 가까운 어떤 것도 보여 주지 않는다. 얼핏 보면 유전 현상을 보여 줄 수 있을 것처럼 보이기도 한다. 물 분자(H_2O)는 수소(H)가 연소하여 산소(O)와 결합하면서 수가 늘어난다. 물이 전기 분해되어 수소와 산소가 되면 물 분자의 수는 줄어든다. 그러나 물 분자의 경우 일종의 개체군 변동이 있지만 거기에 유전 현상은 없다. 진정한 유전 현상이 이루어지기 위한 최소 조건은 적어도 두 종류의 물 분자가 있어야 한다는 것이다. 그 두 종류는 자기와 똑같은 종류의 복제품을 만들어야(낳아야) 한다.

　가끔 분자들은 거울에 비친 모습을 한 변이체를 갖는다. 포도당 분자는 두 종류가 있다. 그것은 똑같은 방식으로 조립된 동일한 원자들을 갖고 있으나 단지 서로가 거울에 비친 모습이라는 점만 다르다(광학 이성질체를 말한다.—옮긴이). 이것은 다른 당 분자들도 마찬가지다. 그밖에도 여러 가지 분자들이 있다. 여기에는 생물에게 아주 중요한 아미노산이 포함된다. 아마 여기에 '비슷한 것이 비슷한 것을 낳을' 수 있는, 즉 화학적인 유전 현상이 생길 기회가 있을 것이다. 오른손 형태의 분자가 오른손 형태의 딸 분자를 낳고, 왼손 형태의 분자가 왼손 형태의 딸 분자를 낳을 수 있을까? 먼저 거울상(象) 분자에 관한 몇 가지 배경 지식을 알아 둘 필요가 있다. 이 현상은 19세기 프랑스의 위대한 과학자 루이 파스퇴르(Louis Pasteur)가 처음 발견했다. 그는 포도주의 주요 성분인 타르타르산의 결정을 조사하고 있었다. 결정이란 고체 덩어리로서 맨눈으로도 볼 수 있을 정도로 크며, 어떤 경우에는 목둘레에 나타나기도 한다(땀이 증발하면서 생긴 소금 결정을 말함.—옮긴이). 그것은 모두 같은 형태인 원자나 분자가 차곡차곡 쌓여서 덩어리를 이룰 때 만들어진다. 아무렇게나 마구 쌓이는 것이 아니다. 마치 똑같은 신체 조건과 흠잡을 데 없이 숙련된 근위병들이 질서정연하게 서 있는 것처럼 쌓인다. 결정의 일부가 된 분자들은 새로운 분자들이 달라붙을 수 있는 주형이 된다. 이 새 분자들은 수용액 속에 녹아 있다가 정확한 위치에 가서 붙는다. 그래서 전체 결정은 정교한 기하학적인 격자로 자란다. 소금 결정이 정육면체 모양이고, 다이아몬드 결정이 사면체 모양(다이아몬드 모양)인 이유가 바로 이것이다. 어떤 모양이 그것과 닮은 다른 모양을 만드는 주형 역할을 했을 때, 우리는 자기 복제의 가능성을 어렴풋이 느끼게 된다.

이제 파스퇴르의 타르타르산 이야기로 돌아가 보자. 파스퇴르는 타르타르산 용액을 방치하면 '두 가지' 다른 종류의 결정이 생긴다는 사실을 발견했다. 그것들은 서로가 거울상이라는 점만 빼고는 동일했다. 그는 두 종류의 결정을 분리하여 따로 모으는 고단한 작업을 수행했다. 그것들을 분리하여 다시 녹여 그는 두 가지 서로 다른 종류의 용액을 얻을 수 있었다. 두 종류의 타르타르산 수용액을 말이다. 파스퇴르는 두 용액이 모든 점에서 비슷하지만 편광을 서로 반대 방향으로 회전시킨다는 점을 발견했다. 관례적으로 그 두 종류의 분자를 좌회전성·우회전성으로 부르는 이유가 바로 이것이다. 그것들이 각각 편광을 시계 방향과 반시계 방향으로 회전시키기 때문이다. 추측하는 대로 두 용액에서 한 번 더 결정을 만들면, 각각은 서로에 대해 거울상인 순수한 결정을 만들었다.

서로에 대해 거울상인 분자들은 정말로 별개의 것이다. 왜냐하면 마치 왼쪽 신발과 오른쪽 신발처럼, 아무리 돌려 가며 애를 써도 하나를 다른 것에 겹칠 수 없기 때문이다. 다시 말해 아무리 애를 써도 왼쪽 신발이 오른쪽 신발을 대신할 수는 없다. 파스퇴르가 처음 사용한 용액에는 두 종류의 분자가 섞여 있었다. 그런데 두 종류의 분자는 각자 자기와 같은 종류들끼리만 모여 결정을 만들었다. 두 종류의 구분되는 변이체가 존재한다는 것은 진정한 유전 현상이 성립하기 위한 필요 조건이다. 그러나 충분 조건은 아니다. 어떤 결정이 진정한 유전 현상을 보이려면 결정이 어느 정도 자랐을 때 절반으로 쪼개져야 한다. 그리고 그 조각들은 완전한 크기로 다시 자라기 위한 주형으로 작용해야 한다. 이러한 조건이면 두 종류의 라이벌 결정 개체군이 성장하고 있다고 말할 수 있다. 개체군에서의 진정한 '성공'을 이야기할 수 있다. 왜냐하면 두 형태가 같은 원자 성분을 두고 경쟁하고 있고, 한쪽 형태가 자기와 똑같은 복제를 만드는 데 더 '능숙한' 덕분에, 다른 형태를 누르고 수를 더 늘릴 수 있기 때문이다. 불행히도 우리가 알고 있는 절대다수의 분자들이 이 간단한 유전 성질을 갖고 있지 않다.

내가 '불행하다'고 한 이유는 화학자들이 의학적인 목적으로, 가령 좌회전성 분자가 '새끼를 쳐서' 또 다른 좌회전성 분자를 계속 만들게 해서 순수한 좌회전성 분자로만 된 물질을 얻으려고 애쓰고 있기 때문이다. 그런데 지금까지는 어떤 분자가 다른 분자를 만드는 주형으로 작용하면 자기와 똑같은 방향의 분자를 만드는 것이 아니라 거울상 분자를 만들고 있다. 이것이 일을 어렵게 만든다. 좌회전성 분자로 시작했다면 나중에는 좌회전성 분자와 우회전성 분자가 같은 양으로 섞여 있는 혼합물이 생기기 때문이다. 이 분야에 관련된 화학자들은 분자들이 같은 방향의 딸 분자를 '낳을' 수 있도록 하기 위해 애쓰고 있다. 그러나 그것은 매우 어려운 기술이다. 그것이 비록 쉬운 일은 아니었겠지만 사실 그러한 기술의 하나가 40억 년 전 자연적으로, 그리고 저절로 성공하였다. 그때 세상은 젊었고, 장차 생명과 정보가 될 폭발이 시작되었다. 그러나 그 폭발이 제대로 진행되기 위해서는 단순한 유전 이상의 것이 필요했다. 어떤 분자가 좌회전성 형태와 우회전성 형태를 가지고 진정한 유전의 성질을 보여 준다 할지라도, 그들 사이의 경쟁은 그 결과가 그리 재미있지 않다. 거기에는 단지 두 종류의 분자, 혹은 결정밖에는 없기 때문이다. 좌회전성 분자가 경쟁에서 승리했다면 그것이 바로 그 사태의 결말이다. 더 이상의 진보는 없다.

커다란 분자들은 그 분야의 여러 부분에서 좌회전성·우회전성을 나타낼 수 있다. 항생 물질인 모넨신(monensin)은 17개의 비대칭 중심이 있다. 이 17개의 중심 모두에 좌회전성 형태와 우회전성 형태가 있다. 2를 17번 제곱하면 13만 1072이다. 따라서 모넨신 분자는 13만 1072개의 다른 형태가 있다. 이들 13만 1072종류의 분자들이 진정한 유전 성질을 갖고 있다면, 13만 1072종류의 분자들 중에서 가장 성공적인 놈이 점점 수를 늘려 갈 것이다. 하지만 이것도 제한된 형태의 유전 현상이다. 왜냐하면 13만 1072라는 숫자는 비록 크기는 하지만, 그것 또한 유한한 숫자이기 때문이다. 생명의 폭발이 이름에 걸맞은 가치를 가지려면 유전 현상이 필요하지만, 그것은 또한 한계가 정해져 있지 않은 무제한의 다양성을 가져야 한다.

거울상으로 유전 현상을 논하는 한 모넨신에서 우리는 그 논의의 종착역에 다다른다. 그러나 좌회전성 대 우회전성이 어떤 분자가 유전적인 복제를 할 수 있는 유일한 차이점은 아니다. 매사추세츠 공과 대학(MIT)에 있는 줄리어스 레벡(Julius Rebek)과 그의 동료들은 자기 복제 분자를 만드는 일에 도전하는 화학자들이다. 그들이 이용하는 변이는 거울상이 아니다. 레벡과 그의 동료들은 두 종류의 작은 분자를 택했다. 그것들의 자세한 이름은 중요하지 않다. 그것들을 A와 B로 부르자. A와 B를 섞어 하나의 용액을 만들었을 때, 그들은 서로 결합해 제3의 화합물, 즉 C를 만든다. 각 C 분자는 주형, 또는 틀로 작용한다. 용액 속에 떠돌고 있는 A와 B는 주형 속으로 들어간다. 한 개의 A와 한 개의 B가 주형 속의 제 위치로 떠밀려 들어가고, 그들은 정확히 연결되어 전의 것과 똑같은 새로운 C를 만든다. 그 C들은 서로 달라붙어 결정이 되는 것이 아니라 서로 떨어진다. 이제 서로 분리된 두 개의 C는 모두 새로운 C를 만들 수 있는 주형으로 이용될 수 있다. 그래서 C의 숫자는 지수함수적으로 증가한다.

지금까지는 그 체계에서 진정한 유전 현상으로 볼 수 있는 것은 나타나지 않았다. 그러나 그 징후가 보인다. B 분자가 여러 가지 변종의 형태로 나타나고 각각이 A와 결합해 여러 종류의 C가 만들어진다. 그래서 C1, C2, C3…… 등이 만들어진다. 이러한 여러 종류의 C 분자는 자기와 같은 형태의 C 분자를 만드는 주형으로 작용한다. 그래서 이질적인 C 분자들의 개체군이 만들어진다. 여러 형태의 C 분자들은 딸 분자를 만드는 효율이 제각각 다르다. 그래서 C 분자의 개체군에서는 라이벌 형태들 사이에 경쟁이 일어난다. 심지어 자외선은 C 분자의 '자연 발생적인 돌연변이'를 유발할 수 있다. 새로운 돌연변이 형태는 '순수하게 번식하여' 자기와 똑같은 딸 분자를 생산한다. 만족스럽게도 새로운 변이체는 부모 타입보다 더 뛰어나서, 이들 원시 생명체가 존재하는 시험관 세계를 빠르게 장악해 나간다. A/B/C 집합이 이런 식으로 행동할 수 있는 유일한 분자 집합은 아니다. 그것과 비교할 수 있는 것으로 D/E/F라고 이름붙일 수 있는 것들이 있다. 레벡 그룹은 스스로를 복제할 수 있는 A/B/C 집합과 D/E/F 집합의 잡종을 만들 수 있었다.

자연에 있는 진정한 자기 복제 분자로서 우리가 알고 있는 것 (핵산인 DNA와 RNA)은 모두 변화 가능성이 풍부하다. 레벡의 복제자는 단지 두 개의 고리로 이루어진 사슬에 불과하지만, DNA 분자는 거의 무한에 가까운 긴 사슬이다. 그 사슬을 이루는 수백 개의 고리들은 네 종류로 구분할 수 있다. DNA의 한 가닥이 새로운 DNA 분자를 만들기 위한 주형으로 작용할 때, 네 종류의 고리들은 각각 다른 특정한 고리의 주형 역할을 한다. 그 네 종류의 고리는 염기인 아데닌(adenine), 티민(thymine), 구아닌(guanine), 시토신(cytosine)으로 구분할 수 있다. 이것들을 편의상 A, T, G, C로 부른다. A는 항상 T의 주형으로 작용하며, 그 반대도 마찬가지다. G는 C의 주형 노릇을 하며, 그 반대도 마찬가지다. A, T, G, C가 어떤 순서로 배열되어 있어도 충실하게 복제할 수 있다. 더욱이 DNA 사슬은 거의 무한에 가까울 정도로 길기 때문에 변화가 생길 수 있는 범위도 또한 거의 무한하다. 이것이 바로 정보 폭발의 반향이 지구를 벗어나 다른 항성에까지 닿을 수 있게 만드는 잠재적인 비결이다.

우리 태양계에서 일어난 복제자 폭발의 반향은 그것이 생겨난 이래 40억 년 동안 지구 안에만 갇혀 있었다. 전파 기술을 발명할 수 있었던 신경계도 100만 년 전에야 비로소 생겨났다. 그리고 그 신경계는 몇십 년 전에야 비로소 전파 기술을 개발했다. 지금은 정보를 풍부하게 담고 있는 전파가 지구를 벗어나 빛의 속도로 퍼져 나가고 있다.

'정보를 풍부하게 담고 있다'는 수식어를 붙인 이유는 우주에는 이미 이리저리 날고 있는 전파가 많기 때문이다. 항성은 가시광선 파장뿐만 아니라 전파 대역의 파장도 방출한다. 심지어 온 우주와 시공간을 창조한 최초의 대폭발 때 생긴 충격의 여운이 배경 잡음 형태로 남아 있다. 하지만 이런 전파는 의미 있는 패턴을 갖고 있지 않다. 거기에는 정보가 없다. 켄타우루스자리 근처의 궤도를 돌고 있는 어떤 행성에 천문학자가 있다면, 그는 지구의 천문학자와 마찬가지로 배경 잡음을 탐지할 수 있을 것이다. 그는 또한 태양이라는 항성 쪽에서 날아오는 좀 더 복잡한 패턴의 전파를 탐지할 수 있을 것이다. 그 천문학자는 이 패턴을 텔레비전 프로그램들이 뒤섞인 것으로 인식하지는 않겠지만, 일상적인 배경 잡음보다는 더 일정한 패턴이 있고, 정보를 풍부하게 담고 있다는 사실을 발견할 것이다. 켄타우루스자리의 전파천문학자들은 흥분에 휩

싸여 항성 태양이 초신성에 맞먹는 정보 폭발을 일으켰다고 보고 할 것이다(그들은 아마 그렇게 추측할 것이다. 그러나 그것이 실제로는 태양 주위를 돌고 있는 한 행성에서 일어났다는 사실은 알지 못할 것이다.).

앞서 보았듯이 복제자 폭탄은 초신성보다 훨씬 느리게 진행된다. 지구의 복제자 폭탄은 전파의 관문(정보의 일부가 파장의 형태를 띠고 모태가 된 세계를 떠나 항성계로 퍼져 나가기 시작한 순간)을 통과하기까지 수십억 년이 걸렸다. 지구의 예가 전형적이라면 정보 폭발은 일련의 관문들을 통과해야 한다고 생각할 수 있다. 복제자 폭탄은 일생 중 상당히 늦은 시기에 언어의 관문을 통과하고, 그 이후에 전파의 관문을 지난다. 그 전에는 최소한 지구에서는 신경 세포의 관문을 통과해야 하며, 그 전에는 다세포 생물의 관문을 통과해야 한다. 제1관문은 모든 관문의 대부로서, 전체 폭발을 가능하게 만든 시발점이 되는 사건인데, 바로 복제자의 관문이다.

복제자가 뭐 그리 중요한가? 자기와 똑같이 생긴 것을 합성할 수 있는 주형으로 작용하는 별로 특별해 보이지 않는 성질을 가진 분자가 우연히 생겨난 것이다. 그런데 어떻게 이것이 폭발의 시발점이 되어 그 반향이 결국은 그 행성을 벗어나게 되는가? 앞에서 살펴보았듯이 복제자가 가진 위력의 일부는 그 지수함수적인 증가에 있다. 복제자는 특별히 명확한 형태의 지수함수적인 증가를 나타낸다. 그 간단한 예가 이른바 '행운의 편지'라는 것이다. 아마 다음과 같은 내용의 편지나 엽서를 받아 본 경험을 가진 독자가 있을 것이다. "이 엽서를 6장 복사해서 1주일 안에 가까운 친구들에게 보내시오. 만약 지시에 따르지 않으면 당신에게 저주가 내려 한 달 안에 처참한 고통을 받으며 죽게 될 것이오." 지각 있는 사람이라면 그 엽서를 내던져 버렸을 것이다. 그러나 상당수의 사람들은 그럴 만한 분별이 없다. 그들은 막연히 두려움을 느끼거나 그 협박에 위협당해 그 엽서를 6장 복사해서 다른 사람들에게 보낸다. 이들 6명 중에서 평균 2명이 위협에 굴복하여 다른 6명에게 엽서를 보낸다고 생각해 보자. 그러면 편지를 받은 사람 중 3분의 1이 그 내용에 굴복하므로 돌아다니고 있는 편지의 수는 매주 두 배로 늘어난다 $(6 \times \frac{1}{3} = 2)$. 이 말은 1년이 지난 후 돌아다니는 편지의 수는 이론상 2^{52}, 즉 약 1만 조 배로 늘어난다는 말이다. 그렇게 되면 세상에 있는 모든 남녀노소가 편지에 묻혀 질식할 것이다.

자원의 부족 때문에 제동이 걸리지만 않는다면, 지수함수적인 증가는 언제나 놀랄 만큼 짧은 시간에 엄청난 규모의 결과를 초래한다. 그러나 사실은 한정된 자원과 그밖의 다른 요소가 지수함수적인 증가를 억제한다. 앞에서 말한 가상적인 예에서 사람들은 같은 내용의 편지가 돌고 돌아 그들에게 두 번째 도착했을 때는 편지 보내기를 회피하기 시작할 것이다. 자원을 둘러싸고 경쟁할 때, 자기 복제를 더 효율적으로 할 수 있는 복제자 변종들이 생길 수 있다. 더 효율적인 이 복제자들은 덜 효율적인 라이벌들을 물리치기 시작한다. 그러나 이 복제자들 중 어느 것도 의도적으로 자기를 복제하지는 않는다는 사실을 이해하는 것이 중요하다. 단지 세상은 더 효율적인 복제자들로 가득 차게 된다는 말이다.

행운의 편지가 효율적이라는 것은 거기에 좀 더 설득력 있는 단어들이 적혀 있다는 뜻이다. "지시에 따르지 않으면 당신에게 저주가 내려 한 달 안에 처참한 고통을 받으며 죽게 될 것이오."라는 조금 불쾌한 문장 대신 이렇게 쓸 수 있다. "간청합니다. 제발 당신의 영혼과 마음을 구하십시오. 위험을 무릅쓰지 마세요. 만약 조금이라도 염려가 된다면 지시에 따라 이 편지를 당신 주변의 여섯 사람에게 보내세요." 이런 '돌연변이'는 자꾸자꾸 생길 수 있다. 그 결과 돌아다니는 편지들의 내용이 모두 다르게 변한다. 그러나 그것들은 결국 똑같은 조상에서 유래된 것이며, 단지 문장에 사용한 단어와 채택한 수단의 설득력과 성질이 다를 뿐이다. 더 성공적인 변종들은 덜 성공적인 경쟁자들을 제치고 빈도가 증가할 것이다. 성공이란 단순히 순환하는 빈도가 높다는 말과 같은 뜻이다. '성(聖) 주드(Jude)의 편지'는 그러한 성공을 거둔 것으로 잘 알려진 한 예다. 그것은 세상을 몇 바퀴씩이나 돌았다. 그러면서 아마 점점 숫자가 늘어났을 것이다. 이 책을 쓰고 있는 동안 버몬트 대학교에 있는 올리버 구디너프(Oliver Goodenough) 박사가 그것을 보내 주었다. 우리는 일종의 '마음의 바이러스'인 그것에 관하여 합동 논문을 써서 《네이처》에 기고했다.

당신이 바라는 모든 일이 이루어지길 기원하며

이 편지는 당신에게 행운을 전해 주려 쓴 것입니다. 이 편지가 처음 시작된 곳은 뉴잉글랜드입니다. 이것은 지구를 아홉 바퀴나 돌았습니다. 이제 당신에게도 행운이 돌아온 것입니다. 이 편지를 받은 후 이번에는 당신이 이것과 똑같은 편지를 보내면 편지를 받은 지 4일 안에 행운이 찾아올 것입니다. 농담이 아닙니다. 우편으로 행운이 도착할 것입니다. 돈을 보내지는 마세요. 행운이 필요하다고 생각하는 사람에게 이 편지를 베껴서 보내세요. 돈을 보내지 마세요. 왜냐하면 믿음에는 가격이 없으니까요. 이 편지를 그냥 갖고 있지 마세요. 96시간 안에 당신 손을 떠나야 합니다. 고등 우주 연구 계획국(ARP)의 장교 조 엘리어트(Joe Elliott)는 4000만 달러를 받았답니다. 조지 웰치(George Welch)는 이 편지를 받은 후 5일 만에 그의 아내를 잃었습니다. 편지를 보내지 않았기 때문입니다. 그러나 그녀가 죽기 전 그는 7만 5000달러를 받았습니다. 이 편지를 베껴서 보내고 4일 후에 어떤 일이 벌어지는지 보세요. 이 편지의 사슬은 베네수엘라에서 시작된 것으로, 첫 편지는 남아메리카에서 온 선교사 사울 앤서니 데그나스(Saul Anthony Degnas)가 쓴 것입니다. 그 후 복제본이 세계를 돌고 있습니다. 당신은 20개의 복사본을 만들어서 친구나 동료들에게 보내야 합니다. 그러면 며칠 후 놀라운 일이 벌어질 것입니다. 당신이 미신에 사로잡히지 않더라도 이것은 사랑입니다. 다음 사항을 기억하세요. 칸토나레 디아스(Cantonare Dias)는 이 편지를 1903년에 받았습니다. 그는 비서에게 그것의 복사본을 만들어 다른 사람에게 보내라고 했습니다. 며칠 후 그는 2000만 달러짜리 복권에 당첨되었습니다. 사무원인 칼 도빗(Carl Dobbit)은 이 편지를 받고 난 후 96시간 이내에 다시 편지를 보내야 한다는 것을 잊어버렸습니다. 그는 일자리를 잃었습니다. 그 편지를 다시 발견한 후 그는 20개의 복사본을 만들어 그것을 부쳤습니다. 며칠 후 그는 더 좋은 일자리를 얻었습니다. 돌런 페어차일드(Dolan

Fairchild)는 그 편지를 받은 다음 편지 내용을 믿지 않고 그것을 버렸습니다. 9일 후 그는 죽었습니다. 1987년에 캘리포니아에 있는 어떤 젊은 여자가 편지를 받았습니다. 그것은 글자들이 지워져 거의 읽을 수가 없었습니다. 그녀는 그 편지를 다시 써서 보내겠다고 다짐했습니다. 그러나 그것을 나중으로 미루었습니다. 그녀는 여러 가지 문제에 시달렸습니다. 그중에는 비싼 차 문제도 포함되어 있었습니다. 편지는 96시간 안에 그녀의 손을 떠나지 않았습니다. 드디어 그녀는 약속한 대로 편지를 다시 써서 보냈고 새 차를 얻었습니다. 돈을 보내는 것이 아니라는 점을 명심하세요. 이 편지를 무시하지 마세요. 효력이 있으니까요.

—성 주드

이 우스꽝스러운 글에는 그것이 여러 번의 돌연변이를 거쳐 진화했다는 표시가 있다. 많은 실수와 부적절한 표현들이 있으며, 다른 변종들도 돌아다니는 것으로 알려져 있다. 우리의 글이 《네이처》에 실리고 난 후 세계 곳곳에서 여러 중요한 변종들이 도착했다. 그것들 중에는 'ARP의 장교'가 'RAF(Royal Air Force, 영국 공군)의 장교'로 바뀐 것이 있다. 성 주드의 편지는 미국 우정공사에는 잘 알려져 있다. 그들은 그 편지가 그들이 체신 업무를 시작하기 전부터 있었는데, 여러 번 재발해 폭발적으로 유행한다고 보고했다.

　편지에서 열거한, 편지를 쓴 사람이 받았던 행운과 거부한 사람이 받았던 재난은 그 희생자, 또는 혜택을 받은 자신들이 그 내용을 거기에 적어 넣을 수 없었다는 점을 기억하라. 혜택을 받은 사람들이 누린 행운은 편지가 그들 손을 떠나기 전까지는 찾아오지 않았다. 희생자들은 아예 편지를 보내지 않았다. 따라서 이러한 이야기들은 지어낸 것이거나 스스로를 만족시키기 위해 추측한 것일 게다. 이 이야기는 행운의 편지가 생명의 폭발을 일으킨 자연의 복제자와 다른 주요한 차이점이 무엇인지를 가르쳐 준다. 행운의 편지는 처음에 인간에 의해 시작되었고, 그 내용의 변화도 역시 사람의 머릿속에서 나왔다. 생명 폭발의 시발점에는 어떠한 마음도 없었다. 창조성도 의도도 없었다. 단지 화학만이 있었을 뿐이다. 그럼에도 불구하고 일단 스스로를 복제하는 화합물이 생겨나자, 더 성공적인 변종이 덜 성공적인 변종을 물리치고 빈도수를 늘리는 자동적인 경향이 생겨난 것이다.

　'성공적인' 화학적 복제자들이란 행운의 편지와 마찬가지로 단지 순환하는 빈도가 높은 것들을 말한다. 그러나 그것은 정의일 뿐이다. 거의 동어 반복에 가깝다. 성공은 실제적인 경쟁에 의해 획득되는 것이며 뭔가 구체적인 것을 의미한다. 결코 같은 말을 반복하는 것이 아니다. 성공적인 복제자 분자란 세밀한 화학적 메커니즘 때문에 잘 복제되는 것을 말한다. 이 말이 실제로 의미하는 것은 복제자가 자신을 복제하는 데 사용하는 수단에는 거의 무한한 다양성이 있다는 것이다. 비록 복제자 자체의 성질은 놀라우리만치 단일한 것처럼 보이지만 말이다.

모든 DNA는 전적으로 똑같은 네 '글자', 즉 A · T · G · C로 구성되어 있다는 점에서 단일하다. 그러나 앞 장에서 보았듯이 DNA가 자기를 복제하기 위해 사용하는 수단은 그에 비해 당황스러울 정도로 다양하다. 거기에는 하마의 튼튼한 심장, 벼룩의 용수철 같은 다리, 칼새의 유체역학적인 날개, 훌륭한 부력 조절 장치인 물고기의 부레 등이 포함된다. 동물의 모든 기관과 팔다리, 식물의 뿌리와 잎과 꽃, 모든 눈과 뇌와 마음들, 심지어 공포와 희망까지도. 이 모든 것이 성공적인 DNA가 자신의 미래를 조정하기 위해 사용하는 수단이다. 그 수단들 자체는 거의 무한한 다양성을 보인다. 그러나 그러한 수단을 만들기 위한 지침서는 그에 비해 우스꽝스러울 정도로 단일하다. 그것은 단지 A · T · G · C의 순열과 순열의 연속이기 때문이다.

언제나 그런 것은 아니었을 것이다. 정보의 폭발이 시작되었을 때, 그 근원이 된 암호가 DNA 글자에 씌어 있었다는 증거는 없다. 사실 DNA와 단백질에 기초한 정보 기술 전반은 무척이나 정교해서(그레이엄 케언스스미스(Graham Cairns-Smith)는 그것을 첨단 기술(hightech)이라고 불렀다.) 선행 주자가 된 어떤 다른 자기 복제 시스템 없이, 우연에 의해 그것이 생겨났으리라고는 거의 상상하기 힘들다. 그 선행 주자가 RNA일 수도 있다. 또는 줄리어스 레벡이 연구하는 간단한 자기 복제 분자와 같은 것일 수도 있다. 아니면 전혀 다른 어떤 것일 수도 있다. 아주 감질 나는 가능성을 가진 것이 있는데, 나는 그것을 『눈먼 시계공(*The Blind Watchmaker*)』에서 자세하게 논의한 바 있다. 그것은 원래 케언스스미스가 주장한 것으로(그의 책 『생명의 기원에 관한 일곱 가지 단서(*Seven Clues to the Origin of Life*)』를 보라.) 무기질 점토 결정이 원시적인 복제자 역할을 했다는 이론이다. 어느 것이 확실한지는 전혀 알 수 없다.

우리가 할 수 있는 일은 우주의 어느 곳, 어느 행성에서든 생명의 폭발이 일어난다고 할 때, 그것의 일반적인 연대기를 추측해 보는 일이다. 어떤 일이 벌어질 것인가 하는 자세한 사항은 지역적인 조건에 달려 있다. 액체 암모니아로 냉각된 세상에서는 DNA · 단백질 시스템이 작용하지 못할 것이다. 대신 다른 어떤 유전 체계와 발생 기구가 작용할 것이다. 어쨌거나 그런 것은 그 지역에 한정된 특수한 상황으로 무시하고 싶은 내용이다. 왜냐하면 지금은 어느 한 행성에 국한되지 않는 일반적인 원리를 말하고 싶기 때문이다. 지금부터 나는 어느 행성에서든 복제자 폭탄이 통과하리라고 예상하는 관문들을 체계적으로 열거하겠다. 이들 중 일부는 정말 보편적인 것으로 생각된다. 그밖의 것은 지구에만 국한된 특별한 것일 수도 있다. 어느 것이 보편적이고 어느 것이 특수한 것인지를 결정하는 것이 항상 쉽지는 않다. 그런 질문은 그 자체만으로도 흥미가 있다. 제1관문은 물론 복제자의 관문이다. 즉 어떤 종류의 자기 복제 시스템이 생겨나야 하며, 거기에는 최소한 초보적인 형태의 유전적 변이가 있어야 하고, 복제 중에 가끔 무작위적인 실수가 있어야 한다.

　제1관문을 통과하면 그 행성에는 자원을 두고 경쟁하는 여러 가지 변종들로 뒤섞인 개체군이 생기게 되고, 자원은 고갈되어 간다. 또는 경쟁이 뜨거워질 때 고갈된다. 어떤 변종은 부족한 자원을 두고 경쟁할 때, 상대적으로 성공적임이 판명된다. 다른 것들은 그에 비해서 성공적이지 못하다. 그래서 이제는 기본적인 형태의 자연선택이 이루어진다.

라이벌 복제자들 가운데 실패냐 성공이냐는 처음에는 복제자 그 자체의 직접적인 성질, 예를 들어 그들의 형태가 주형으로서 얼마나 적절한가 따위에 의해서 결정된다. 이제 수많은 세대의 진화 과정을 거친 결과 제2관문에 다다랐다. 그것은 바로 표현형의 관문이다. 복제자들은 그 자체의 성질 때문에 생존하는 것이 아니라, 우리가 표현형이라고 부르는 어떤 다른 것 덕분에 생존할 수 있다. 우리가 살고 있는 지구에서는 유전자가 영향을 미칠 수 있는 동식물의 각 기관들을 보고 쉽게 표현형을 알 수 있다. 이 말은 신체의 거의 모든 부분이 표현형이라는 의미다. 표현형이란 성공적인 복제자가 다음 세대로 건너가기 위한 수단으로 사용하는 권력의 지렛대라고 생각하면 된다. 더 일반적으로 말하면, 표현형이란 그 복제자 자체는 아니며 복제자의 성공에 영향을 미치는, 복제자의 영향력이라고 정의할 수 있다. 예를 들어 보자. 태평양섬달팽이의 어떤 종은 껍데기를 왼쪽으로 돌아가게 할 것인가, 오른쪽으로 돌아가게 할 것인가를 결정하는 특정한 유전자를 갖고 있다. 그 DNA 분자 자체가 오른쪽으로, 또는 왼쪽으로 꼬인 것은 아니다.

그것의 표현형이 그렇다는 말이다. 왼쪽으로 꼬인 껍데기와 오른쪽으로 꼬인 껍데기가 그 속의 연약한 몸을 보호하는 일을 똑같이 잘할 수는 없을 것이다. 껍데기 속에 들어 있는 달팽이의 유전자는 그 껍데기 모양에 영향을 미칠 수 있기 때문에, 단단한 껍데기를 만드는 유전자는 품질이 나쁜 껍데기를 만드는 유전자보다 수가 더 늘어날 것이다. 껍데기는 표현형이기 때문에 딸 껍데기를 낳지 못한다. 각각의 껍데기는 DNA가 만들고, DNA를 낳는 것은 DNA다.

DNA는 다소 복잡한 중간 사건들의 사슬을 통해(껍데기가 꼬이는 방향과 같은) 표현형에 영향을 미친다. 그 모든 사건은 '발생'이라는 일반적인 이름에 포함시킬 수 있다. 우리가 살고 있는 지구에서 그 사슬의 첫 번째 고리는 단백질 분자의 합성이다. 이에 관한 세부 사항은 그 유명한 유전 암호를 통해, DNA의 네 가지 글자로 정교하고 상세하게 서술되어 있다. 그러나 그것은 그다지 중요하지 않다. 그 수단이 무엇이든, 복제자가 성공적으로 복제되는 데 유익한 표현형을 가진 복제자들이 그 행성을 장악할 것이다. 일단 표현형의 관문을 통과하면 복제자들은 그들의 대리인들의 힘, 즉 그 세상에 미치는 자신들의 영향력 때문에 생존하게 된다. 이 지구에서는 그러한 영향력이 미치는 범위가 대개는 유전자가 물리적으로 들어앉아 있는 신체에 국한된다. 그러나 반드시 그럴 필요는 없다. 확장된 표현형(Extended Phenotype, 나는 이 제목에 책 한 권을 할애했다.)의 원칙에 따르면, 복제자가 장기간의 생존을 도모하기 위해 사용하는 권력의 지렛대는 복제자가 만든 '고유의' 신체에만 국한될 필요는 없다고 되어 있다. 유전자는 특정한 신체를 벗어나 세상에 영향을 미친다. 거기에는 다른 개체의 신체도 포함된다.

나는 일반적인 표현형의 관문이 어떤 형태인지는 알지 못한다. 생명의 폭발이 아주 초기의 단계를 벗어나 그 이상으로 진행하는 행성이라면 어디에서나 넘어섰을 관문이라고 생각한다. 그 다음 관문도 마찬가지일 것이다. 그것은 바로 제3의 관문, 복제자 팀의 관문이다. 어떤 행성에서는 표현형의 관문 전에 이 관문을 넘어섰거나, 아니면 동시에 넘어섰을 수도 있다. 초창기에 복제자들은 유전자 강의 상류에서 다른 벌거벗은 라이벌 복제자들과 뒤섞여 떠다니던 개별적인 존재였을 것이다. 그러나 어떤 유전자도 고립해서는 살아갈 수 없다는 것은 지구에서 발생한 DNA · 단백질 정보 기술 시스템의 한 가지 양상일 뿐이다. 유전자가 활동하는 화학 세계는 외부 환경의 원조를 받지 않는 화학 세계가 아니다. 좀 더 분명히 말하자면 이것은 배경을 형성한다. 그러나 그것은 꽤 멀리 떨어진 배경이다. 유전자가 살아가는 데 필수적이고 직접적으로 연관된 환경은 훨씬 더 작으면서 화학 물질들이 농축된 주머니, 바로 세포다. 세포를 화학 물질이 가득 찬 주머니로만 생각하는 것은 잘못이다. 왜냐하면 많은 세포들이 그 안에 구불구불하게 접힌 정교한 막 구조를 가지고 있기 때문이다. 막 표면에서, 그리고 막 자체에서, 또는 막 사이에서 생명 활동에 관련된 화학 반응들이 일어난다. 세포 안에서 일어나는 화학적인 미세 우주는 수백 개의 유전자들이(더 발달한 세포에서는 수십만 개의 유전자들이) 함께 만든 것이다. 모든 유전자들이 그 환경에 기여한다. 그런 다음 그 모든 유전자들은 살아남기 위해 그 환경을 이용한다. 유전자들은 팀을 이루어 활동한다. 우리는 이것을 1장에서 약간 다른 각도로 이해했다.

이 지구에서 찾을 수 있는 가장 단순한 독자적인 DNA 복제 시스템은 박테리아다. 그것들은 필요한 성분들을 만들기 위해 최소한 200여 개의 유전자들을 필요로 한다. 박테리아가 아닌 세포들을 진핵 세포라고 부른다. 사람의 세포, 그리고 모든 동물, 식물, 균류, 원생생물들의 세포는 진핵 세포다. 그들은 대개 수만에서 수십만 개의 유전자를 가지고 있으며, 모두 한 팀으로 활동한다. 2장에서 보았듯이, 지금은 진핵 세포 자체를 대여섯 개의 박테리아 세포들이 함께 모여 한 팀으로 살면서 생겨난 것으로 보고 있다. 그러나 이것은 고도의 팀워크가 필요한 일이다. 여기서 말하는 것은 여러 유전자들이 함께 모여 만든 세포 안의 화학적 환경에서 모든 유전자들이 그들의 목적을 위해 활동하고 있다는 사실이다.

일단 유전자들이 한 팀을 이루어 활동한다는 사실을 이해했으므로, 오늘날에는 다윈이 말한 자연선택이 유전자의 라이벌 팀 사이에서 작용한다는 생각으로 비약해도 무방할 것이다. 그것은 자연선택이 더 높은 조직화 수준으로 이동했다는 생각이다. 그럴듯하다. 그러나 나는 그것이 근본적인 수준에서부터 틀렸다고 본다. 다윈이 말한 자연선택은 유전자들의 팀이 아니라 여전히 개별적인 라이벌 유전자들 사이에서 작용하고 있다고 말하는 것이 훨씬 더 정확하다. 그러나 자연선택에서 살아남는 유전자들은 이제 '다른 유전자들이 존재할 때' 번영할 수 있는 유전자들이다. 동시에 그 유전자들은 서로의 생존을 돕는다. 이것은 우리가 1장에서 살펴본 바 있다. 1장에서 우리는 디지털 신호의 강에서 같은 지류를 공유하는 유전자들은 '훌륭한 동료'가 되는 경향이 있음을 이해했다.

어떤 행성에서 복제자 폭탄이 힘을 얻기 위해 다음으로 통과해야 할 주요한 관문은 아마 다세포 생물의 관문일 것이다. 이것을 제4의 관문이라고 부르자. 앞에서 살펴보았듯이 지구에 살고 있는 생명 형태가 가진 모든 세포는 유전자 팀이 떠다니고 있는 화학 물질들의 작은 바다라고 할 수 있다. 비록 그것이 팀 전체를 담고 있지만, 그것은 그 팀의 일부가 만든 것이다. 이제 세포들 자체가 둘로 갈라지면서 숫자가 늘어난다. 각각은 다시 완전한 크기로 자란다. 이 일이 벌어질 때, 유전자 팀의 모든 멤버가 복제된다. 만약 두 개의 세포가 완전히 떨어지지 않고 서로 붙어 있으면, 세포가 벽돌 역할을 해서 큰 건조물이 형성된다. 여러 개의 세포로 된 건조물을 만드는 능력은 우리가 살고 있는 이 지구뿐만 아니라 다른 세계에서도 중요할 수 있다. 다세포 생물의 관문을 통과하면, 세포 한 개의 수준보다 훨씬 더 큰 수준에서 표현형이 나타난다. 사슴의 뿔, 식물의 잎, 눈의 수정체, 달팽이의 껍데기, 이 모든 형태가 세포들에 의해 만들어진 것이다. 그러나 그러한 기관을 만드는 세포들은 그 큰 형태의 축소판이 아니다. 다시 말해서 다세포 기관은 결정이 성장하는 것과 같은 방식으로 만들어지지는 않는다. 최소한 이 지구에서는 건물이 쌓아 올려지는 형태로 성장한다. 건물은 결국 벽돌을 확대한 형태가 아니다. 손은 그 독특한 모양을 갖고 있다. 그러나 손 모양의 세포가 모여서 손이 만들어지지는 않았다. 만약 표현형이 결정이 자라는 방식으로 만들어진다면 그럴 것이다. 다세포 기관은 건물처럼, 세포들(벽돌들)의 층이 언제 성장하고 언제 멈출 것인가에 관한 법칙을 따랐기 때문에 그 독특한 모양을 갖게 되었다. 따라서 어떤 의미에서는 세포들도 다른 세포들과의 관계를 놓고 볼 때 자기가 어디에 놓여 있어야 하는지를 알아야 한다. 간세포는 자신이 간세포인 줄 아는 것처럼 행동한다. 더 나아가 자기가 간의 중간에 있는지, 아니면 가장자리에 있는지를 아는 것처럼 행동한다. 어떻게 이런 일이 일어나는가는 매우 어려운 질문으로, 앞으로 연구를 더 해 봐야 한다. 그에 대한 답은 아마 우리가 살고 있는 지구에 국한될 것이다. 그 문제는 더 이상 생각하지 말자. 그것은 이미 1장에서 다루었다. 자세한 내용이 무엇이든 간에, 그 방법은 생명이 이룬 다른 모든 개선과 동일한 일반적인 과정에 의해 완벽한 상태로 완성되었다. 그 과정이란 유전자가 그들이 미친 효과(인접한 세포들과의 관계에서 세포의 행동에 영향을 미친 것)에 의해 생존의 성공 여부를 판가름하는 것을 말한다.

다음에 생각해 볼 주요 관문은 어느 한 행성에만 국한하기에는 좀 더 중요한 것처럼 보이는데, 그것은 고속 정보 처리 기술의 관문이기 때문이다. 우리가 살고 있는 지구에서는 뉴런, 또는 신경 세포라고 부르는 특별한 부류의 세포들에 의해 이 다섯 번째 관문을 통과할 수 있었다. 그래서 그 제5관문을 지구라는 장소에 한해서 신경계의 관문이라고 부를 수 있다. 어떤 방법으로 그 관문을 통과하는가는 문제가 되지 않는다. 그 관문을 통과했다는 사실이 중요하다. 왜냐하면 이제 유전자가 화학적인 권력의 지렛대를 사용해 자기가 직접 하던 것보다 훨씬 빠른 속도로 행동할 수 있기 때문이다. 유전자가 맨 처음 기관들을 만들기 위해 배엽(胚葉) 운동을 일으킬 때보다 훨씬 빠른 속도로 행동하고 반응하는 근육과 신경계를 사용하여, 포식자는 저녁거리를 위해 뛰어오를 수 있고, 먹이가 되는 동물은 목숨을 건지기 위해 달아날 수 있다. 다른 행성에서는 속도와 반응 시간이 다를 수 있다. 그러나 어느 행성에서든 복제자 자신이 배를 발생시킬 때보다도 훨씬 빠른 속도로 반응할 수 있는 장치를 고안해 냈을 때, 그들은 중요한 관문 하나를 통과한 셈이다. 그 장치가 지구에서 뉴런과 근세포라고 부르는 것과 반드시 비슷해야 하는지는 확실치 않다. 그러나 어느 행성에서 신경계 관문에 해당하는 것을 통과했다면, 그보다 더 중요한 귀결점들이 차후에 도래하여, 이제 복제자 폭탄은 바깥세상으로 여행을 떠나기 시작한다.

이 귀결점들 가운데 '감각 기관'이 받아들인 정보의 복잡한 패턴을 처리하고 그것을 기록하여 '기억'이라는 형태로 보관할 수 있는 자료 처리 단위의 거대한 집합(뇌)이 있을 수 있다. 뉴런의 관문을 통과했을 때 도래하는 더 정교하고 불가사의한 귀결점은 의식(意識)이다. 나는 이것을 제6관문, 의식의 관문이라 부른다. 우리가 살고 있는 지구에서 이 관문을 통과한 사건이 얼마나 자주 일어났는지는 모른다. 어떤 철학자들은 그것이 두 발로 걷는 원숭이인 호모 사피엔스에 의해 딱 한 번, 그리고 결정적으로는 언어와 함께 출현했다고 믿고 있다. 그러나 의식이 발생하는 데 언어가 필요할 수도 있고 필요하지 않을 수도 있다. 어쨌거나 언어를 주요 관문으로 생각하여 제7관문이라 하자. 이 관문은 어느 행성에서 통과할 수도 있고 통과하지 않을 수도 있다. 언어에 대한 자세한 사항, 즉 소리를 통해 전해지는지 다른 물리적인 매개체를 통해 전해지는지 등은 별로 중요하지 않다. 그것은 단지 공간에 국한된 문제일 뿐이다.

이런 관점에서 보면 언어란 뇌(지구에서는 이렇게 부른다.)들이 충분한 친밀감을 갖고 정보를 교환하여 협동적인 기술의 발달을 가능하게 한 네트워크 시스템이다. 단순한 모방에 불과한 돌로 만든 도구에서 시작하여, 금속을 제련하던 시기를 거쳐 바퀴 달린 탈것, 증기 동력, 오늘날의 전자 기술에 이른 협동적인 기술은 그 나름의 폭발을 일으킨 많은 속성을 갖고 있다. 따라서 그것의 시작은 협동적인 기술의 관문, 또는 제8의 관문이라는 이름을 얻을 자격이 있다. 사실 인류의 문화는 새로운 종류의 자기 복제 존재에 의한, 정말로 새로운 복제자 폭탄을 만들어 냈다고 말할 수 있다. 그 새로운 복제자(『이기적 유전자』에서 나는 그것을 밈(meme)이라고 불렀다.)는 문화의 강에서 번식하며 자연선택의 과정을 겪는다. 아마 지금은 밈 폭탄이 유전자 폭탄과 나란히 진행되고 있을 것이다.(밈은 '문화소(文化素)' 정도로 번역될 수 있는 말로 유행하는 패턴, 사상, 교리 등 인간의 의식과 문화 속에서 복제되는 것을 말한다.—옮긴이) 그런데 그 유전자 폭탄은 밈 폭탄이 진행할 수 있는 뇌와 문화의 조건을 갖추어 놓았다. 그러나 그것은 이 장에서 다루기에는 너무 큰 주제이므로 원래의 주제로 돌아가야겠다. 일단 협동적인 기술의 관문을 통과하고 나자 그 폭발을 행성 바깥으로 알릴 수 있는 가능성이 열렸다. 제9관문, 전파의 관문을 통과하게 된 것이다. 이제 어떤 항성계에서 복제자 폭탄이라는 새로운 폭발이 일어났다는 사실을 외부의 관찰자도 알 수 있게 되었다.

외부의 관찰자가 처음으로 얻게 될 암시는, 이미 앞에서 보았듯이 행성 내부에서 통신 수단으로 사용하던 전파가 통신 활동의 부산물로서 행성 바깥으로 퍼져 나간 것이다. 나중에 그 복제자 폭탄의 기술적인 후계자들은 행성 바깥으로 눈을 돌려 다른 항성에 주목할 것이다. 우리 인간은 이제 외계의 지적 생명체를 위해 특별히 설계한 메시지를 우주 공간으로 쏘아 보내는 단계까지 와 있다. 어떤 존재인지 전혀 모르는 지적 생명체를 위해 메시지를 설계하라고 하면 당신은 어떻게 하겠는가? 그것은 확실히 어려운 일이다. 우리가 애쓴 것이 완전히 잘못 생각한 것일 가능성도 꽤 크다.

외계의 관찰자에게 어떤 실속 있는 내용을 담은 메시지를 보내기보다는 우리의 존재를 알리려는 데 대부분의 관심을 쏟았다. 이 일은 1장에서 내가 지어낸 크릭슨 교수가 당면한 문제와 똑같다. 그는 DNA 암호를 써서 소수를 표현했다. 그러한 방법은 외부 세계에 우리의 존재를 알릴 수 있는 현명한 방법이 될 것이다. 또한 인간이 보기에는 음악이 더 좋은 광고일 수도 있다. 그것을 들을 외계인은 귀가 없어도 나름대로의 방법으로 감상할 것이다. 유명한 과학자이자 작가인 루이스 토머스(Lewis Thomas)는 바흐의 곡이어야 한다고 주장했다. 거만을 떠는 것으로 생각될까 봐 두려워하기는 했지만, 그는 오로지 바흐의 곡이어야 하며, 바흐 말고는 아무것도 안 된다고 주장했다. 그러나 마찬가지로 음악도 잘못 이해될 수 있다. 외계인이라면 그것을 펄서가 내보내는 규칙적인 전파로 오해할 수 있다. 펄서는 수초의 간격을 두고 규칙적으로 전파의 펄스를 내보내는 별이다. 1967년에 케임브리지 대학교의 전파 천문학자들이 처음 그것을 발견했을 때, 사람들은 그 신호가 외계에서 온 메시지가 아닐까 하고 잠깐 흥분하였다. 그러나 그것은 작은 별이 마치 등대처럼 엄청나게 빠른 속도로 회전하면서 전파를 뿌린 것이라는 설명이 설득력을 얻게 되었다. 지금까지는 외계에서 지구로 날아온 것 가운데 외계인이 보냈다고 할 만한 메시지는 없다.

지구의 생명 폭발을 지구를 벗어나서 계속 진행시키기 위해, 전파의 관문 다음으로 상상할 수 있는 유일한 관문은 물리적인 공간 여행 그 자체다. 이것은 제10관문, 우주 여행 관문이라고 하자. 공상 과학 소설가들은 인간이나 로봇을 지구 외의 별에 보내 식민지를 건설하는 일을 꿈꾸어 왔다. 이러한 식민지는 자기 복제 정보를 담은 새로운 주머니로 일종의 씨앗, 또는 씨균이라고 할 수 있다. 그 주머니는 다시 폭발적으로 팽창하여 우주선에 복제자 폭탄을 담아 유전자와 밈 모두를 우주 밖으로 내보내게 될 것이다. 만약 이런 전망이 현실화된다면, 크리스토퍼 말로(Christopher Marlowe, 영국의 극작가이자 시인—옮긴이)가 디지털 신호의 강을 회고하며 "보라, 생명의 물줄기가 흘러 내려온 저 하늘을!"이라고 외치는 모습을 상상하는 것도 그리 터무니없는 생각은 아닐 것이다.

그러나 인류는 이제야 외계를 향해 겨우 한 걸음 내디뎠을 뿐이다. 인류는 달을 밟았다. 달은 걸음이 아니었다. 이것은 엄청난 업적이지만, 달은 너무 가까운 곳에 있어서 우리가 통신하고자 하는 외계인의 입장에서 보면 여행이라고 생각할 수 없다. 인류는 몇 개의 무인 우주선을 끝이 보이지 않는 궤도에 실어 우주 공간 깊숙한 곳으로 보냈다. 이들 중 하나는 미국의 천문학자 칼 세이건(Carl Sagan)의 제안에 따라, 그것을 발견할 외계의 지적 생명체가 판독할 수 있도록 설계된 메시지를 싣고 있다. 그 메시지에는 그것을 만든 생물, 즉 벌거벗은 남녀의 그림이 들어 있다.

이것을 보면 마치 이야기가 완전히 한 바퀴 돌아 고대의 창조 신화로 되돌아간 느낌이 든다. 그러나 이 한 쌍은 아담과 이브가 아니다. 그들의 우아한 자태 밑에 각인된 메시지는 창세기 신화의 어떤 것보다도 더 가치 있는 지구의 생명 폭발에 관한 성명이다. 그 금속판에는 누구나 이해할 수 있는 그림 문자를 사용해, 태양계의 세 번째 행성에서 그것이 만들어졌다는 내용, 그 태양계가 은하계의 어디에 위치하고 있는지 등의 내용이 정교하게 기록되어 있다. 거기에는 또 화학과 수학의 기본 원리를 나타내는 그림 문자가 새겨져 있다. 만약 외계의 지적 생명체가 그 우주선을 발견한다면, 그들은 원시적인 미신보다는 조금 더 합리적인 생각으로 그 우주선을 만든 문명이 우주 어딘가에 있다는 사실을 믿게 될 것이다. 그들은 우주 공간 저 너머에 대화할 만한 가치가 있는, 문명이 절정에 달한 또 다른 생명 폭발이 오래전에 존재했다는 사실을 알게 될 것이다.

아, 그러나 이 우주선이 그 먼 거리를 항해해 다른 복제자 폭탄을 만날 확률은 절망적일 정도로 작다. 그래서 어느 해설가는, 그것의 가치는 지구에 있는 사람들에게 영감을 주기 위한 것이라고 설명했다. 평화의 몸짓으로 손을 들고 서 있는 벌거벗은 남녀의 모습, 영원히 끝나지 않을 항성 간 여행을 위해 외계로 내보낸 우주선, 지구의 생명 폭발에 관한 지식이 결실을 맺어 처음으로 그것을 수출하는 것……. 확실히 이런 생각은 우리가 가지고 있는 일반적인 편협한 의식에 무언가 영감을 준다. 그것은 케임브리지의 트리니티 대학에 있는 뉴턴 입상(立像)에서 받는 시적인 충격과 같은 반향을 불러일으키며, 누구나 인정하는 위대한 지성이었던 윌리엄 워즈워스(William Wordsworth)의 시를 생각나게 한다.

> 베개를 베고 누워
>
> 눈으로 쏟아져 들어오는 달빛과
>
> 내가 좋아하는 별들을 본다.
>
> 말 없는 얼굴에 프리즘을 들고 서 있는
>
> 뉴턴의 입상이 있는 예배당 전실.
>
> 혈혈단신으로 사고의 망망대해를 항해한
>
> 위대한 정신을 나타내는 대리석 색인이다.

참고 문헌

Bodmer, Walter, and Robin McKie, *The Book of Man: The Human Genome Project and the Quest to Discover Our Genetic Heritage*(New York: Scribners, 1995).

Bonner, John Tyler, *Life Cycles: Reflections of an Evolutionary Biologist*(Princeton: Princeton University Press, 1993).

Cain, Arthur J., *Animal Species and Their Evolution*(New York: Harper Torchbooks, 1960).

Cairns-Smith, A. Graham, *Seven Clues to the Origin of Life*(Cambridge: Cambridge University Press, 1985).

Cherfas, Jeremy, and John Gribbin, *The Redundant Male: Is Sex Irrelevant in the Modern World?*(New York: Pantheon, 1984).

Clarke, Arthur C., *Profiles of the Future: An Inquiry into the Limits of the Possible*(New York: Holt, Rinehart & Winston, 1984).

Crick, Francis, *What Mad Prusuit: A Personal View of Scientific Discovery*(New York: Basic Books, 1988).

Cronin, Helena, *The Ant and the Peacock; Altruism and Sexual Selection from Darwin to Today*(New York: Cambridge University Press, 1991).

Darwin, Charles, *The Orgin of Species*(New York: Penguin, 1985).

______, *The Various Contrivances by Which Orchilds are Fertilised by Insects*(London: John

Murray, 1882).

Dawkins, Richard, *The Extended Phenotype*(New York: Oxford University Press, 1989).

______, *The Blind Watchmaker*(New York: W. W. Norton, 1986).

______, *The Selfish Gene*, new ed. (New York: Oxford University Press, 1989).

Dennett, Daniel C., *Darwin's Dangerous Idea*(New York: Simon & Schuster, 1995).

Drexler, K. Eric, *Engines of Creation*(Garden City, N.Y.: Anchor Press/Doubleday, 1986).

Durant, John R., ed. *Human Origins*(Oxford: Oxford University Press, 1989).

Fabre, Jean-Henri, *Insects*, David Black, ed. (New York: Scribners, 1979).

Fisher, Ronald A., *The Genetical Theory of Natural Selection*, 2d. rev. ed. (New York: Dover, 1958).

Frisch, Karl von, *The Dance Language and Orientation of Bees*, Leigh E. Cahdwick, trans. (Cambridge: Harvard University Press, 1967).

Gould, James L., and Carol G. Gould, *The Honey Bee*(New York: Scientific American Library, 1988).

Gould, Stephen J., *Wonderful Life: The Burgess Shale and th Nature of History*(New York: W. W. Norton, 1989).

Gribbin, John, and Jeremy Cherfas, *The Monkey Puzzle: Reshaping the Evolutionary Tree* (New York: Pantheon, 1982).

Hein, Piet, with Jens Arup, *Grooks*(Garden City, N.Y.: Doubleday 1969).

Hippel, Arndt von, *Human Evolutionary Biology*(Anchorage: Stone Age Press, 1994).

Humphrey, Nicholas K., *Consciousness Regained*(Oxford: Oxford University Press, 1983).

Jones, Steve, Robert Martin, and David Pilbeam, eds., *The Cambridge Encyclopedia of Human Evolution*(New York: Cambridge University Press, 1992).

Kingdon, Jonathan, *Self-made Man: Human Evolution from Eden to Extinction?*(New York: Wiley 1993).

Macdonald, Ken C., and Bruce P. Luyendyk, "The Crest of the East Pacific Rise," *Scientific American*, May 1981, 100~116쪽.

Manning, Aubrey, and Marian S. Dawkins, *An Introduciton to Animal Behaviour*, 4th ed. (New York: Cambridge University Press, 1992).

Margulis, Lynn, and Dorion Sagan, *Microcosmos: Four Billion Years of microbial Evolution*

(New York: Simon & Schuster, 1986).

Maynard Smith, John, *The Theory of Evolution* (Cambridge: Cambridge University Press, 1993).

Meeuse, Bastiaan, and Sean Morris, *The Sex Life of Plants* (London: Faber & Faber, 1984).

Monod, Jacques, Chance and Necessity: *An Essay on the Natural Philosophy of Modern Biology*, Austryn Wainhouse, trans. (New York: Knopf, 1971).

Nesse, Randolph, and George C. Williams, *Why We Get Sick: The New Theory of Darwinian Medicine* (New York: Random House, 1995).

Nilsson, Daniel E., and Susanne Pelger, "A Pessimistic Estimate of the Time Required for and Eye to Evolve," *Proceedings of the Royal Society of London, B* (1994).

Owen, Denis, *Camouflage and Mimicry* (Chicago: University of Chicago Press, 1982).

Pinker, Steven, *The Language Instinct: The New Science of Language and Mind* (New York: Morrow, 1994).

Ridley, Mark, *Evolution* (Boston: Blackwell Scientific, 1993).

Ridley, Matt, *The Red Queen: Sex and the Evolution of Human Nature* (New York: Macmillan, 1994).

Sagan, Carl, *Cosmos* (New York: Random House, 1980).

_____, and Ann Druyan, *Shadows of Forgotten Ancetors* (New York: Random House, 1992).

Tinbergen, Niko, *The Herring Gull's World* (New York: Harper & Row, 1960).

_____, *Curious Naturalists* (London: Penguin, 1974).

Trivers, Robert, *Social Evolution* (Menlo Park, Calif.: Benjamin-Cummings, 1985).

Watson, James D., *The Double Helix: A Personal Account of the Discovery of the Structure of DNA* (New York: Atheneum, 1968).

Weiner, Jonathan, *The Beak of the Finch: A Story of Evolution in Our Time* (New York: Knopf, 1994).

Wickler, Wolfgang, *Mimicry in Plants and Animals*, R. D. Martin, trans. (New York: McGraw-Hill, 1968).

Williams, George C., *Natural Selection: Domains, Levels, and Challenges* (New York: Oxford University Press, 1992).

Wilson, Edward O., The Diversity of Life (Cambridge: Harvard University Press, 1992).

Wolpert, Lewis, *The Triumph of the Embryo* (New York: Oxford University Press, 1992).

찾아보기

옮긴이 **이용철**

서울대학교 생물교육과를 졸업하고 현재 상계고등학교 교사로 재직하고 있다.
『고등학교 과학』과 『생물 1』, 『생물 2』의 집필위원이다. 저서로는 『하루살이는
정말 하루만 살까?』, 『열대 우림』 등이 있으며 번역서로는 『이기적인 유전자』,
『눈먼 시계공』, 『동물의 언어』가 있다.

사이언스 마스터스 07

에덴의 강 | 리처드 도킨스가 들려주는 유전자와 진화의 진실

1판 1쇄 펴냄 2005년 11월 18일
1판 8쇄 펴냄 2025년 1월 15일

지은이 리처드 도킨스
옮긴이 이용철
펴낸이 박상준
펴낸곳 (주)사이언스북스

출판등록 1997. 3. 24.(제16-1444호)
(06027) 서울특별시 강남구 도산대로1길 62
대표전화 515-2000 팩시밀리 515-2007
편집부 517-4263 팩시밀리 514-2329
www.sciencebooks.co.kr

한국어판 ⓒ (주)사이언스북스, 2005. Printed in Seoul, Korea.

ISBN 978-89-8371-940-9 (세트)
ISBN 978-89-8371-947-8 03400